美丽宜居村庄
建设指南

江苏省住房和城乡建设厅　主编

中国建筑工业出版社

图书在版编目（CIP）数据

美丽宜居村庄建设指南 / 江苏省住房和城乡建设厅
主编 . —北京：中国建筑工业出版社，2022.5
（江苏乡村建设行动系列指南）
ISBN 978-7-112-27378-2

Ⅰ.①美…　Ⅱ.①江…　Ⅲ.①乡村—居住环境—江苏
—指南　Ⅳ.①X21-62

中国版本图书馆 CIP 数据核字（2022）第 079874 号

责任编辑：宋　凯　张智芊
责任校对：张　颖

江苏乡村建设行动系列指南

美丽宜居村庄建设指南

江苏省住房和城乡建设厅　主编

*

中国建筑工业出版社出版、发行（北京海淀三里河路 9 号）
各地新华书店、建筑书店经销
逸品书装设计制版
临西县阅读时光印刷有限公司印刷

*

开本：787 毫米×1092 毫米　1/12　印张：20　字数：389 千字
2023 年 3 月第一版　　2023 年 3 月第一次印刷
定价：**158.00** 元
ISBN 978-7-112-27378-2
（39170）

Preface
序言

习近平总书记指出，"建设什么样的乡村，怎样建设乡村，是摆在我们面前的一个重要课题"。乡村不仅是农业生产的空间载体，也是广大农民生于斯长于斯的家园故土。深入实施乡村建设行动，加强农村基础设施和公共服务体系建设，持续改善农村住房条件，促进乡村宜居宜业、农民富裕富足是江苏的不懈追求。

江苏自然条件优越，农耕文明历史悠久，自古就是富庶之地、鱼米之乡，享有"苏湖熟、天下足"的美誉。党的十八大以来，江苏深入贯彻习近平总书记关于乡村建设工作的重要指示批示精神，牢固树立乡村建设为农民而建的鲜明导向，固底板、补短板、扬优势、强特色，注重设计引领、强化技术支撑、开展试点示范，加快推进城乡融合发展，完成农房改善超40万户，有效带动农村基础设施和公共服务配套水平不断提升，全省农村住房条件和人居环境持续改善；建成江苏省特色田园乡村593个，实现76个涉农县（市、区）全覆盖，乡村特色魅力进一步彰显；支持83个重点中心镇和特色小城镇开展试点示范建设，完成393个被撤并乡镇集镇区环境整治，小城镇多元特色发展取得积极成效。经中央领导同志审定的《江苏省中央一号文件贯彻落实情况督查报告》指出，"农房改善和特色田园乡村建设深受基层干部欢迎，农民群众满意率高，走出了一条美丽宜居乡村与繁华都市交相辉映、协调发展的'江苏路径'"。

为深入贯彻习近平总书记视察江苏重要讲话精神，全面落实中共中央办公厅、国务院办公厅印发的《乡村建设行动实施方案》有关要求，做好新时代乡村建设工作，江苏省住房和城乡建设厅在系统总结十年乡村建设工作经验的基础上，组织编制了《农房建设指南》《美丽宜居村庄建设指南》《美丽宜居小城镇建设指南》（以下简称《指南》）。《指南》梳理了江苏近年来在农村住房条件改善、特色田园乡村建设、小城镇多元特色发展等方面的工作经验，提炼了村镇建设的系统性策略、方法和实施要点，形成了指导农房、村庄、小城镇建设的工具书。《农房建设指南》提出了农房设计、建造和管理等方面的相关要求和流程，可用于指导新建、翻建的三层及以下农村住房建设；《美丽宜居村庄建设指南》提出了三种不同类型村庄的建设模式和管理要求，可用于分类指导特色保护型村庄、规划新建型村庄和集聚提升型村庄建设；《美丽宜居小城镇建设指南》提出了三种不同类型小城镇的建设模式和管理要求，可用于指导美丽宜居小城镇建设。

《指南》对下一步江苏乡村建设工作具有重要的实践指导意义，为扎实推进乡村振兴，努力建设农业强、农村美、农民富的新时代鱼米之乡提供了技术支撑。限于时间仓促、水平有限，书中难免有不足之处，敬请各位读者朋友不吝赐教，是为至盼。

江苏乡村建设行动系列指南编写委员会

2022年6月

CONTENTS
目录

03

建设管理 173

04

典型案例 183

CHAPTER 01

总　　则

一、编制目的

为贯彻落实党中央、国务院和省委、省政府关于实施乡村振兴战略的部署要求，推进乡村建设行动，扎实推进美丽宜居村庄建设，着力改善村庄人居环境、完善设施配套、优化空间品质、彰显地域特色、提升建设管理水平，满足农民日益增长的美好生活需要，依据相关法律法规和技术标准，制定本指南。

二、村庄分类及适用范围

按照《江苏省乡村振兴战略实施规划（2018—2022年）》要求，要根据不同村庄的发展现状、区位条件、资源禀赋等，按照集聚提升、特色保护、城郊融合、搬迁撤并的思路，分类推进村庄建设发展[1]。

对照国家乡村振兴战略规划、江苏现有工作基础及基层实践需求，本指南将村庄分为集聚提升、特色保护、规划新建三种类型[2]，以满足不同村庄使用需求。

本指南适用于从事村庄建设的相关人员，包括基层管理人员、专业技术人员以及建设施工人员、乡村工匠等。

三、总体要求

1.分类引导

结合各地村庄地理区位、资源禀赋、发展水平等条件，确定适宜的建设目标和方式，并正确处理近期建设与长远发展的关系。加强对不同区域、不同类型村庄的分类指导，科学有序实施美丽宜居村庄建设。

2.彰显特色

保护传统文化资源，塑造地域风貌特色。既要传承地域传统民俗文化、建筑文化和传统空间格局，又要注重乡土文化和特色民居的当代塑造，打造根植于地域传统文化的当代风貌特色。

[1] 按照《江苏省乡村振兴战略实施规划（2018—2022年）》要求，村庄划分为集聚提升、特色保护、城郊融合和搬迁撤并四种类型。集聚提升类村庄，是指现有规模较大、发展条件较好的中心村、重点村和其他仍将存续的规划发展村庄，是乡村振兴的重点。特色保护类村庄，是指历史文化名村、传统村落、特色景观旅游名村等自然历史文化特色资源丰富的村庄，是彰显和传承优秀传统文化的重要载体。城郊融合类村庄，是指城市近郊区及县城城关镇周边、处于城镇规划建设用地范围之外的村庄，具备成为城市后花园的优势，也具有向城市转型的条件。搬迁撤并类村庄，是指因避灾避险、脱贫攻坚、生态建设、重大项目和城镇规划建设等需要搬迁撤并的村庄，以及人口流失特别严重的村庄。

[2] 城郊融合类村庄应按照城镇规划的相关功能要求开展规划建设，搬迁撤并类村庄需要通过规划新建进行承载。

3. 绿色生态

保护村庄周边和内部的水体、山体及植被,传承村落与山水林田湖有机相融、和谐共生的关系。巧妙利用地形地貌变化,顺应河流山体、植被走势,营造尺度适宜、顺应自然的空间格局,形成与自然环境共生、共长、共融的格局形态。按照"碳达峰、碳中和"相关要求,在建设过程中注重采用节能、环保、低碳的材料、技术和工艺,实现绿色发展。

4. 乡土集约

采用乡土集约的建造手法,优先使用闲置资源和闲置建设用地,鼓励乡土材料的当代创新和利用,积极探索传统营造技艺融入当代村庄建设的合理途径。

5. 农民主体

充分尊重广大农民意愿,充分引导和调动农民积极性、主动性,探索村民自主管理有效途径,依靠群众力量和智慧建设美丽家园,切实发挥农民主体作用。

南京市溧水区洪蓝街道傅家边社区涧东

南京市江宁区江宁街道牌坊村黄龙岘

苏州市吴中区越溪街道旺山村钱家坞、西坞里

泗阳县爱园镇松张口新型农村社区

宿迁市宿城区耿车镇刘圩新型农村社区

四、建设内容

美丽宜居村庄建设内容涉及整体空间形态、建筑、院落围合、公共空间、绿化景观、公共服务设施、基础设施等方面，各种类型的村庄应根据村民生产生活实际需求和经济社会发展水平，合理确定建设重点。

1.特色保护型村庄

着重保护自然景观环境、传统空间格局、文物古迹、历史建筑、传统建筑、历史环境要素以及非物质文化遗产，活化利用物质文化遗存，活态传承非物质文化遗产，在改善村庄基础设施、公共服务设施和公共环境基础上，着力塑造特色空间、特色风貌，彰显特色文化，培育特色产业，形成特色资源保护、传承与村庄发展的良性互动。

2.规划新建型村庄

结合村庄空间布局调整，需另行选址规划新建的村庄，应着重关注村庄选址与边界、规模与布局、建筑组群、农房建设等内容，促进与周边自然山水环境有机融合，配套完善基础设施和公共服务设施，空间布局、建筑风貌、环境景观等要充分体现浓郁的乡土风情和时代特征。

3.集聚提升型村庄

在村庄原有基础上，根据实际建设需求，因地制宜地有序推进改造提升。轻介入、微改善，重点关注村庄内部空间整理、基础设施和公共服务设施提升等，激发产业、优化环境、提振人气、增添活力，保持乡村风貌，建设宜居宜业的美丽乡村。

CHAPTER 02

分类建设

■ 特色保护型村庄

■ 规划新建型村庄

■ 集聚提升型村庄

特色保护型村庄

　　特色保护型村庄主要包括在历史文化遗存（如历史文化名村、传统村落等）、自然环境景观、主导产业等方面具有特色资源的村庄，应着力保护自然山水环境，保护历史文化遗存，活化利用传统资源，做大做强优势产业，塑造村庄特色，促进乡村发展。

一、提炼村庄特色

1. 山水田园特色

挖掘、提炼在村庄建设发展过程中，与周边山体、河流、湖泊、植被等自然环境相依存而形成的独特山水环境景观特色。

注重挖掘地域特色田园景观以及能够体现传统农耕文明的农业生产方式，形成具有地域特点的特色田园景观。

苏州市吴中区东山镇三山村：山、水、林、村相互依存

兴化市千垛镇东罗村：村庄与垛田和谐共生

2. 历史文化特色

梳理体现村庄在不同历史时期的建筑风貌特色，注重建筑组群整体风貌的挖掘。

保护好文物保护单位、不可移动文物、历史建筑以及其他具有一定地域传统建筑特征、时代特征的建筑或构筑物。保护牌坊、村口、古桥、戏台、古井、老树等环境要素。

太仓市泥桥村传统建筑组群

苏州市吴中区金庭镇植里村古桥、古树、古道

镇江市京口区姚桥镇儒里村：宗族祭祀活动

兴化市新垛镇施家桥：施耐庵故里

高邮市菱塘回族乡清真村：少数民族风情村

苏州市高新区通安镇树山村：发展梨树种植，形成
"梨园花海""树山梨"品牌

溧阳市溧城镇礼诗圩：开展荷藕种植，莲子、藕成为
村庄特色农产品

　　保护好在本地区生产生活过程中形成一定影响力、具有较为鲜明的地域乡土文化特征的民俗活动、传统技艺、制作技艺、表演艺术等非物质文化遗产。

　　保护能够传承本民族饮食、艺术、风俗等文化风情的少数民族特色村庄。

　　挖掘村内与历史人物或事件相关的遗迹，如名人故里、历史传说发源地、重要事件发生地等。

3. 主导产业特色

　　挖掘村庄果蔬、苗木等特色种植业，水产、禽畜等特色养殖业，以及特色手工业、乡村旅游业等。梳理具有地域特色和竞争力的农产品品牌。

二、保护自然环境

在村庄建设中要尊重村庄周边的自然环境，对与村庄密切相关的河湖水系、丘陵山体和自然植被进行整体保护。

1.河湖水系

整体保护以长江、太湖、大运河为代表的河流、湖泊的自然环境，维护水体环境，并持续改善水质。

保护河流、水体的生态滨水空间，保持驳岸生态化。严格控制滨水地区的建设活动。

苏州市吴中区东山镇三山村：位于太湖内，依山傍水建设，自然和谐

淮安市洪泽区老子山镇龟山村：紧邻淮河，村落依托淮河发展、演变

仪征市经济开发区十二圩：长江之滨，依托航运曾经为重要盐运中转点

南京市江宁区湖热街道钱家渡：秦淮河畔，独具水乡风韵的特色田园乡村

苏州市吴中区越溪街道旺山村：村庄外围山体生态良好，绿意盎然

徐州市铜山区张集镇吴邵村：建设过程中保护好村庄与山体之间的视廊

南京市高淳区东坝街道垄上村：村庄外围、内部树木葱茏，成为村庄的自然景观

苏州市吴江区黎里镇杨文头村：沿路、沿水、沿村形成林带

2.丘陵山体

对村庄周边的丘陵山体进行保护，控制好村庄的视线廊道。

加强山体保护与监管，保护山体植被，严禁开山、采石、采矿、取土等破坏山体的行为。

3.自然植被

保护村庄周围与村庄景观环境密切相关的自然植被。未经许可，任何人不得砍伐。

植被品种和配置方式保持地方性、传统性、自然性，倡导育林，提高林地覆盖率。

三、保护空间形态

1.村庄形态

保护并延续村庄依托自然山水形成的空间形态，科学合理地控制好村庄边界，防止村庄建设无序蔓延，破坏原有空间形态。

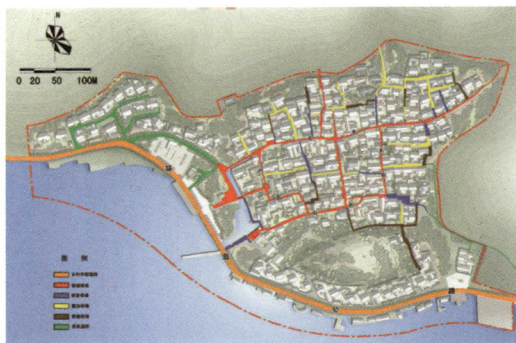

苏州市吴中区金庭镇明月湾：村庄整体空间形态保护完好

2.街巷肌理

保护传统街巷的走向、建筑风貌和空间尺度，重点保护街巷的宽度、两侧建筑的高度和立面形式，保护街巷的铺装形式。

保持街巷现有空间尺度，不得随意拓宽，严格控制好街巷高宽比。保持街巷两侧界面的连续性。严格控制新建、改建建筑的性质、体量、色彩及形式。

南京市高淳区漆桥街道漆桥村：保护并延续传统街巷两侧建筑风貌和铺筑形式

3.水系格局

维护好现状水系格局，不得随意填埋水体，慎重改变其形态、宽度、走向等，保护沿线树木、桥梁、驳岸、码头等历史环境要素。

南京市江宁区汤山街道石地村：对河道宽度、形态、走向及相关要素进行整体保护

南京市溧水区白马镇李巷村：保持村内建筑适宜的高度和体量

古村落新建建筑高度缺乏有效控制

苏州市吴中区东山镇杨湾村：张延基故居（传统建筑组群）由四栋建筑组成

4.高度控制

严格控制村庄各类建筑的高度和体量，新建、改建建筑及构筑物应根据保护的需要，制定严格的高度控制要求。

5.组群秩序

对村庄中的传统建筑组群（在建筑风格、结构样式、建造技艺等方面具有历史文化艺术价值且空间相对集聚的3处及以上的传统建筑）进行整体保护，保护组群内部建筑之间的格局肌理、院落构成以及建筑本体。

保护组群内建筑间距、高度等空间关系，保护连廊、塔、桥、水体等特色要素，避免破坏组群空间秩序。控制好组群周边新建建筑的体量、高度、色彩。

保护组群内传统院落的空间布局、铺地样式。保护院落中与传统风貌相协调的假山、树木、古井、排水口等构筑物。

保护具有历史特征的院落围墙，不得随意在传统院落的围墙上开设门脸、窗洞；不得擅自拆除传统围墙，新建改建的围墙应在外观、质感等方面与传统风貌相协调。

保护组群内部院落环境

影响传统建筑组群整体风貌的围挡和建筑物

苏州市吴中区东山镇三山村：四宜堂（传统建筑组群）由二进院落和一组建筑组成

宜兴市丁蜀镇三洞桥：古窑址修复前后对比

南京市江宁区东山街道佘村：潘氏宗祠修缮前后对比

南京市江宁区东山街道佘村文物保护单位整体风貌

四、保护文化遗存

优先对村庄内各类历史文化遗存进行保护，按照真实性、完整性、适用性等原则，针对不同文化遗存类型，因地制宜采取最有利于遗存保护的措施，修缮加固，保证安全，以达到延续历史信息、传承乡土技艺的目的。

1. 文物保护单位和不可移动文物

严格按照《中华人民共和国文物保护法》保护各级文物保护单位和不可移动文物。文保单位在保护范围内不得进行除修缮以外的其他建设工程或者爆破、钻探、挖掘等作业，在文保单位的建设控制地带内进行建设工程，不得破坏文物保护单位的历史风貌。

2.历史建筑

应严格按照《历史文化名城名镇名村保护条例》和《江苏省历史建筑确定与保护利用技术导则》对历史建筑进行保护和修缮。

对历史建筑设置保护标志，建立历史建筑档案。

建设工程选址，应当尽可能避开历史建筑；因特殊情况不能避开的，应当尽可能实施原址保护。

修缮前　修缮后

靖江市季市镇季西村：朱氏老宅修缮前后对比

某村落内历史建筑衰败严重，未得到有效保护和修缮

修缮前 / 修缮后

南京市高淳区东坝街道青山村垄上：地域特色建筑修缮前后对比

修缮前 / 修缮后

徐州市铜山区伊庄镇倪园村：地域特色建筑修缮前后对比

南通市海门区常乐镇颐生村颐生酒厂：工业遗产的修复与利用

3.其他具有保护价值的建（构）筑物

（1）地域特色建筑

对于村落中具有标志性或象征性，具有群体心理认同感的建筑，应采取保护措施，包括日常保养、防护加固、现状修整等。其维修和改善均应尽量采取原材料、原工艺。对危墙和结构部分通过传统建造的方式进行加固，保持历史沧桑感。

（2）工业遗产

甄别和抢救村内濒危工业遗产，加强工业遗产保养修缮和周边环境整治。保护好村内有一定保存价值、传统风貌较好的近现代工业遗产，如砖窑厂、面粉厂、酒厂等。

（3）农业设施

保护好村内遗存的能够承载传统农耕生产方式的农业设施遗产，如围堤、河闸、引水渠等水利灌溉设施以及粮仓等，对其进行修缮及利用。

连云港市赣榆区黑林镇小芦山村：提水站设施修缮前后对比

（4）红色文化建筑

保护好村内红色文化的空间载体，如革命烈士故居、战斗遗址、指挥场所等，采取修缮措施，恢复传统风貌，彰显红色文化。

南京市溧水区白马镇李巷村：修缮后的陈毅旧居

（5）其他具有时代特征的建筑

保护、修缮能够体现一定时期生产生活特征的建筑，如大礼堂、供销社、邮局、电影院、知青生活点等。

金湖县塔集镇黄庄：修缮后的知青生活点

丹阳市延陵镇柳茹节孝坊

丹阳市延陵镇九里碑刻

苏州市吴中区金庭镇明月湾：古码头和驳岸

丹阳市延陵镇九里村：九里沸井、季河桥

提升古树名木周边环境，定期进行病虫害防治等养护工作

4．历史环境要素

（1）牌坊、碑刻

对牌坊、碑刻实行就地保护，破损的牌坊或结构不稳定的牌坊应及时修复和稳定加固。对于暴露室外的碑刻文物应建立必要的保护遮挡设施，避免直接遭受风雨侵蚀，零散碑刻可采取馆藏或集中保护展示的方式。

（2）码头、驳岸

保护好保存较为完整且仍在使用的码头和驳岸。采取传统材料进行修缮整治。

（3）古桥、古井

结合古桥、古井修缮周边环境，设置标识，对于存在安全隐患的桥梁应及时采用传统工艺、传统材料进行修复。

（4）古树名木

对古树进行挂牌保护，设置保护标识，并配以文字说明。古树应定期进行养护，严禁砍伐破坏。结合古树，整合周边空间，形成重要开敞空间。

5.非物质文化遗产

非物质文化遗产包括村内留存的民间文学、传统音乐、传统舞蹈、传统戏剧、曲艺、传统体育、游艺与杂技、传统美术、传统技艺、传统医药和民俗等。按照非物质文化遗产保护体系，可分为国家级、省级以及市、县级非物质文化遗产项目。

（1）区域保护与重点保护相结合

结合周边自然环境、人文环境和文化遗产，对非物质文化遗产以及遗产赖以生存发展的文化空间进行区域性整体保护。国家级非物质文化遗产实行重点保护，可编制专项规划，有条件的可设立专题展示场所，鼓励为国家级代表性传承人设立工作室。

对非物质文化遗产直接关联的建（构）筑物、场所、遗迹及其附属物等划定保护范围，采取有效措施予以保护。

案例：香山帮传统建筑营造技艺

香山帮传统建筑营造技艺是国家级非物质文化遗产，建设主管部门通过系统性、原真性、权威性的课题研究，对江苏香山帮古建技艺、传承人进行系统全面的记录。此外，苏州园林集团投入1000万元专项人才经费，以师徒传承为重点，同时建设香山帮技艺传承展厅、香山大师工作室、香山大师讲堂等一批人才培养、交流载体。

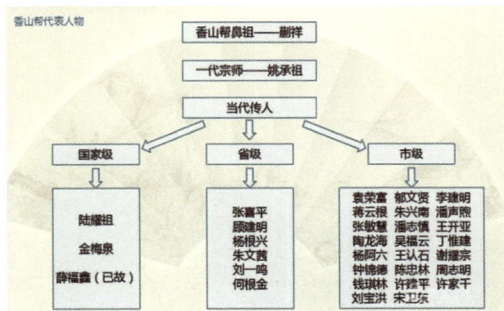

香山帮传统建筑营造技艺培训、研究等

非物质文化遗产传承人挖掘

溱潼砖瓦制作技艺档案

泰州市姜堰区溱潼镇洲南村砖窑厂

（2）开展非物质文化遗产记录工作

运用文字、录音、录像等方式记录村庄非物质文化遗产资源，逐步建立完善乡村地区非物质文化遗产代表性项目、代表性传承人的档案和数据库。

对乡村地区的非物质文化遗产代表性项目实行分类指导、动态管理，推动相关数据信息的研究分析和转化利用。

案例：溱潼砖瓦制作技艺

溱潼砖瓦制作技艺是江苏省级非物质文化遗产项目，为传承里下河地区特有的砖瓦制作技艺，拍摄了溱潼砖瓦制作技艺视频、制作工艺手册以及产品手册，并在满足环境保护的前提下留存了部分传统砖窑。

五、活化利用物质文化遗存

1.利用原则

（1）文物保护单位和不可移动文物

在保证文物安全和不改变文物原状的前提下，鼓励恢复文物原有使用功能，有条件的可进行多功能使用。文物保护单位如果用作其他用途的，应当经核定公布该文物保护单位的人民政府文物行政部门征得上一级文物行政部门同意后，报核定公布该文物保护单位的人民政府批准。

（2）历史建筑

历史建筑的利用，应当遵循利用服从保护的原则，确保房屋安全性和在不影响历史建筑价值的情况下，允许进行空间的重新划分和必要功能设施的改造，以适应使用功能的基本要求。

（3）其他具有保护价值的建筑及构筑物

其他具有保护价值的建筑及构筑物在不影响价值、不改变识别性的前提下，允许进行功能置换、空间调整和设施改造。

将宗祠改造为村史馆

具有传统风貌的建筑改造为旅游服务设施

传统建筑拆改成为影视拍摄场所，遭到破坏

传统建筑成为杂物堆放场所

历史建筑改造为公共活动场所

2. 功能引导

鼓励历史建筑延续原有使用功能；鼓励历史建筑调整为博物馆、图书馆、活动中心、日间照料中心等公益性设施。

根据村庄需求，也可将其改造为特色酒店、青年旅馆、书店、特色工艺品商店、特色餐饮等经营性设施。

不得在文物保护单位和不可移动文物、历史建筑以及其他具有保护价值的建筑内生产和储存易爆易燃、放射性、毒害性、腐蚀性物品，以及作为其他有损建筑遗存价值或危害建筑安全的使用功能。

案例：昆山市巴城镇西浜村昆曲学社改造

采用轻微介入的有机更新策略，使用竹、砖等乡村材料，在原址上重建和改建了4套院子为昆曲学社。

改造过程中采取以下措施：一是对房屋基础重新进行了混凝土灌注；二是开凿空斗墙，对其灌注加固砂浆，并在外侧进行挂网砂浆加固；三是在楼面板、屋顶等地方，采用角钢加固开裂部分。

改造后，一层所有的教室和活动室都面向庭院，二层采用露台设计与自然融合。通过这种修补，将诗情画意、曲调音律一并植入乡村，从而延续曾经的美丽。

目前，昆曲学社是传承研习昆曲文化的代表性场所，重构了西浜村传统昆曲文化氛围，促进了乡村文化的振兴。

改造前

改造后

改造后

昆曲学社改造

案例：兴化市千垛镇东罗村大礼堂改造

本着修旧如旧的原则，对村大礼堂外墙进行清洗，涂上防水漆，延续了其原有的风貌。对其内部进行结构加固，增设灯光音响和中央空调等设备。

改造后的大礼堂集报告厅、多媒体功能厅及百姓大舞台为一体，成为举办村民大讲堂、地方文化表演、村民聚会的重要场所。

改造前　　改造后

东罗大礼堂外部

改造前　　改造后

东罗大礼堂内部

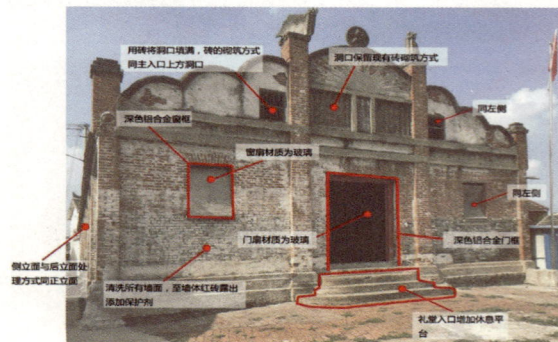

东罗大礼堂改造

村民在大礼堂看戏

村民联欢会

案例：苏州市相城区黄埭镇冯梦龙村冯梦龙纪念馆改造

冯梦龙纪念馆是由村内已有建筑改扩建而成。为了更好地适应周边环境，整体采用小体量单体分散布置的传统民居布局方式，营造传统建筑意境。

建筑平面布置以两个天井展开，建筑之间以碑廊相连，可将五个展厅单体串联成环通流线，体现了苏州传统民居的智慧。

纪念馆向公众讲述冯梦龙一生为官、为民、为文的事迹，也展现了冯梦龙村的精神品质，成为著名的廉政教育基地。

苏州市相城区黄埭镇冯梦龙村冯梦龙纪念馆

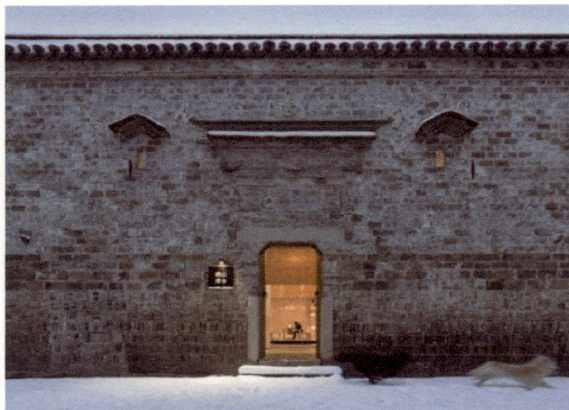

案例：南京市高淳区固城街道蒋山村蒋山书舍改造

最大限度地保留了蒋山村这栋传统风貌建筑的外部形态，强调地域特征和文化传承的重要性。同时对建筑内部进行功能置换和空间重构，成为村庄重要的公共服务设施。

利用一个包裹着天井的书架和一个面向庭院的玻璃茶亭，建设空间活动的中心，打破了室内外的界限，为原本昏暗老宅引入了阳光和自然，成为村庄邻里交流和文化交融的新场所。

南京市高淳区蒋山书舍

六、活态传承非物质文化遗产

1. 传承研习

（1）推动传承人培育工作

鼓励高等院校、职业技术学校或者研究机构通过开设非物质文化遗产相关专业、设立传承班等途径，培养专业人才。

有条件的地区可通过向社会招募学员等方式，推广实施家族传承、师徒传承与现代职业教育相结合的传承人培养模式。

鼓励保护单位或者个人建立数字化的展览馆、博物馆、体验馆等展示平台，定期开展培训教学、宣传展示、交流研讨、技能比赛等活动。

师徒传承

非遗相关专业建设

宣传公益活动

（2）设立传承研习场所

优先鼓励利用既有建筑遗存或闲置房屋改造为非物质文化展示、传承、研习的场所，也可通过新建工作室、场地等设立传习场所。

苏州市吴中区香山街道舟山村：开展核雕工艺师培训

徐州市贾汪区马庄村：打造国家级非遗马庄香包品牌

通过博览会、音乐会等形式进行非物质文化遗产项目宣传展示

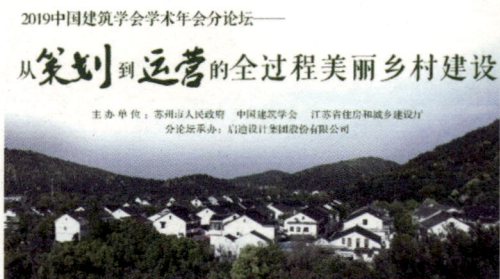

苏州市高新区通安镇树山村：开展大型文化活动激活乡村

2.发展文创

合理利用传统技艺与工艺发展乡村特色产业。探索"非物质文化遗产+旅游"融合发展新路径，利用民间习俗、名人典故和自然生态等特色资源，融入村庄旅游产业发展。

鼓励结合非物质文化遗产进行文创产品设计，并通过多种渠道进行展示及销售，拓展非物质文化遗产旅游资源，提升传承的生命力。

3.加强宣传

依托重大节日、各类非物质文化遗产场馆，开展非物质文化遗产主题传播、展示展演活动。

鼓励结合村庄特色资源开展策划，如论坛、文艺活动等，展示文化特色，激发乡村活力。

七、彰显产业特色

依托村庄自然禀赋和特色资源，因地制宜发展现代农业、特色种植（养殖）业、手工业、乡村旅游等主导产业。

充分挖掘农业产业的多元功能和价值，采取"生态+""互联网+"等方式，有效延伸产业链，实现农业与旅游、文化、教育、康养等产业融合发展，促进一二三产业融合。

案例：邳州市铁富镇姚庄村

邳州市铁富镇姚庄村围绕"一棵树"资源，深挖银杏特色，做大产业文章，依托全村 2700 多亩的银杏林，建设融"苗、树、叶、果"一体的银杏综合生产基地和银杏科技产业园，推动银杏深加工形成生物制药、保健品、休闲食品和洗化用品等多个特色产业，先后开发生产银杏酮、银杏油、银杏保健品、银杏茶、银杏酒、银杏化妆品、银杏休闲食品、银杏饮料、银杏木制品、银杏生物原料药等几十种产品，并通过打造网红"时光隧道"发展乡村旅游，逐步形成了集育苗、种植、销售、深加工、旅游观光为一体的银杏全产业链。

邳州市铁富镇姚庄村银杏文化节

姚庄村口标识

姚庄民俗馆

常熟市支塘镇蒋巷田园风光

特色有机稻米品牌

粮食加工厂

江南农家民俗馆

特色果蔬品牌

案例：常熟市支塘镇蒋巷村

　　蒋巷村依托1200亩采用绿色无公害无农药种植的高标准农田，打造具有地域特色和竞争力的农产品品牌——"蒋巷村"牌大米。依托稻米种植探索农产品加工，提高品牌影响力，依托"互联网＋"促进一二三产业融合。

　　如今"蒋巷村"牌大米已经成为当地首屈一指的特色旅游商品，深受广大游客喜欢。蒋巷村在稻米种植的基础上培育稻鳝共生试验基地，利用稻田的浅水环境，进行稻鳝共生试验。饲养黄鳝后，不仅增加了稻田的有机养分，提高单位面积产量，还增强了除草、除害虫功能，减少稻田施肥和喷农药。形成更具有地域特色和竞争力的农产品品牌。

南京市江宁区江宁街道黄龙岘村自然环境

案例：南京市江宁区江宁街道黄龙岘村

黄龙岘村依托茶山营造"茶文化"环境，通过深度发掘当地茶文化内涵，着力打造融品茶休憩、茶道、茶艺、茶叶展销-研发-生产、特色茶制品等为一体的特色茶庄，让都市人可以深入乡村赏茶园、采茶叶、观制茶、品美茶，体味"采茶东篱下，悠然见南山"的意境。形成名副其实的金陵茶文化休闲旅游第一村。

独特的茶园环境衍生出相关文旅项目

苏州市高新区通安镇树山村自然环境

树山木栈道

树山民宿

树山梨花节

树山双创中心

案例：苏州市高新区通安镇树山村

树山村位于大阳山北麓，东接姑苏古城，西邻浩瀚太湖，地理位置独特，凭借独特的自然资源，形成了特色农业和乡村旅游业。

依托良好的区位优势和森林资源，树山村打造了木栈道、泊隐等36家名宿、新华书店等项目。目前，树山村每日接待游客约500人，在静谧的环境里，品味一杯茶、一本书的乡村慢时光，乡村体验式旅游已成为当下年轻人的主流。

树山村以特色农业为主导，借助现代科学技术，通过"树山风物生活"微店，上线了树山杨梅、翠冠梨、云泉茶等"树山三宝"特色农副产品，实现了线上、线下一体化经营的新格局。依托树山守文化，研发了"树山守IP"文创产品。

八、农房建设

特色保护型村庄农房建设包括改造和新建两种形式。改造主要是指对既有住房进行安全改造、功能优化、风貌整治等，以符合村民生产、生活需求。新建主要是指合理利用闲置空间插建、扩建或者原址翻建农房。

1. 改造农房

（1）建筑安全整治

在改造之前，需要对农房进行详细踏勘、调查，重点关注建筑结构检查，确定开裂、破损、渗透以及结构强度不符合安全要求的部位，并进行相应修缮、加固等处理。

对于木结构、砖木结构等传统民居，在进行修缮、加固的同时，宜保持其原有传统做法。

检查并修复、加固建筑结构

全面检查、修缮建筑构造，采取必要的防水改造措施

修复松动、脱落、破损的建筑构件（饰面）

（2）内部功能优化

农房改造中各功能空间应分区明确、布局紧凑，实现寝居分离、食寝分离和净污分离。

当院内设有辅房时，可根据辅房的面积、朝向等条件，因地制宜地设置餐厨、储藏、农机具停放等多种功能。

避免在院落、露台等位置随意搭建房间，或将原有开敞空间完全封闭。避免改造后的农房影响周围住户的采光、通风和出行。

利用一层入户空间设置堂屋

二层高敞空间设置起居室

优化内部功能，满足现代生活需要

避免将原有开敞空间完全封闭

避免将原有开敞空间完全封闭

（3）建筑风貌改造

农房风貌的改造需要尊重原有建筑的色彩、外观、材质及装饰，对不影响村庄风貌的，宜采用清洗、修补等整治措施。对于外观突兀、有碍观瞻的农房，宜开展外立面整治，使其与村庄环境及周边建筑相协调。

◆ 色彩

农房色彩宜采用地域传统建筑配色，遵循所在区域整体色彩特征，避免浓艳粗俗、反差过大。

外立面应与当地村庄风貌特色相呼应

仪征市新集镇光明村：建筑色彩与村庄整体色彩相协调

苏州市相城区黄埭镇冯梦龙村：改造建筑色彩与自然环境相协调

采用清水砖墙的农房

水刷石墙面宜采用原有工艺修复整治

采用木、竹、夯土等乡土材料进行墙体改造

避免不分情况简单涂饰

避免墙绘面积过大、色彩突兀

◆ **墙体**

对于清水砖墙、石墙、夯土墙、水刷石墙等体现传统工艺和技法的农房，宜采用原有材料和工艺进行修复整治，避免简单涂饰。

当采用木、竹、夯土等乡土材料进行墙体改造时，应注意材料的安全性和耐久性，宜采取防腐、防潮、防开裂等措施。

当采用彩绘、拼贴画等形式装饰墙面时，避免墙绘面积过大、色彩突兀或主题庸俗，影响村庄整体风貌协调。

◆ 屋顶

屋顶形式宜遵循当地气候特征、民族习惯和传统文化，并与周边建筑相协调。

对于保存较为完好的传统木构架屋顶，宜优先采用乡土材料及建造技艺进行屋顶改造，避免使用高反光度、色彩艳丽的屋顶材料。

屋顶形式应与周边建筑相协调

采用乡土材料及建造技艺进行屋顶改造

对于保存较为完好的传统木构架屋顶，予以保留和修缮

避免使用高反光度、艳丽的屋顶材料

◆ 门窗

门窗形式宜简洁质朴，同时符合现代生活的需要，历史文化遗存丰富的村庄宜遵从传统门窗样式。

优先考虑使用当地乡土材料，形成较为协调的建筑外观，避免使用色彩艳丽的型材和玻璃。

入户门的选择，应兼顾安全、采光以及与村庄风貌的协调，避免改造的入户门形式突兀、比例失调或过于封闭。

门窗形式简洁质朴，同时符合现代生活的需要

避免使用色彩艳丽的型材和玻璃

避免入户门形式突兀、过于封闭

◆ 装饰

在建筑墙体、屋脊、山花、檐口、层间、门窗、勒脚等部位设置装饰部件时，宜遵从当地传统样式和文化习俗，结合功能需求合理设置。

装饰构件应与建筑主体牢固连接，并注重材料的耐久性，减少后期的维护、更换成本。

避免装饰构件形式夸张、过度装饰或虚假外贴，避免改造后的农房与村庄风貌不相协调。

南京市江宁区湖熟街道钱家渡村：农房改造前后对比

苏州市吴中区临湖镇灵湖村黄墅：农房改造前后对比

避免过度装饰

避免改造后的农房与村庄风貌不相协调

农房卫生间改造

有条件的情况下可增设外墙外保温系统

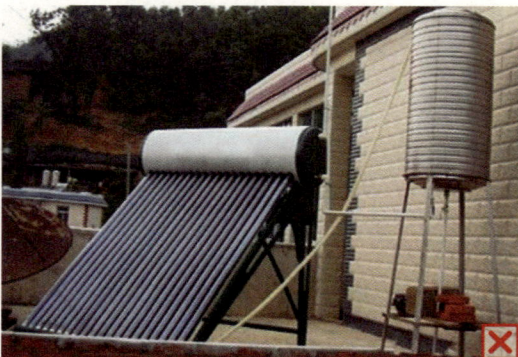

太阳能热水系统应规范安装，注意减少设备对建筑风貌
的影响

色彩朴实，安装规范的太阳能热水器

（4）建筑设备改善

建筑设备改善包括引入上下水，增设燃气、电气和卫生设施等。生活污水不得直接排入院落、农田或水体，应接入村庄污水处理系统或采取户用污水处理装置。

（5）建筑节能改造

有条件的情况下，可通过增设墙体、屋面保温系统，提高农房建筑的保温性能。

农房改造中宜充分利用太阳能等可再生能源，优先考虑增设太阳能热水系统。太阳能集热器可放置在日照充足的平屋面或南向坡屋面上，应规范安装，注意减少设备对建筑风貌的影响。

2. 新建农房

（1）建筑功能

新建农房的建筑功能设计应充分考虑村民的日常需求，尊重当地生活习惯。

应设置堂屋、卧室、厨房、餐厅、卫生间等基本功能空间，并可根据当地农民的生产生活习惯，设置相应的储藏、院落、辅房、门廊（门厅）、阳台（露台）等辅助功能空间。

一层平面图
本层建筑面积 88 平方米

二层平面图
本层建筑面积 80 平方米

典型户型平面图

（2）建筑体量

建筑高度和体量应与村庄自然景观、原有建筑相协调。避免面积盲目贪大、高度过高，破坏村庄原有格局和建筑肌理。

建筑体量适中，建筑高度不超过三层的新建农房组群

建筑色彩应与周边建筑整体风貌协调

通过局部进退、错落形成丰富的农房建筑形体

通过适度的屋顶组合，形成高低错落的立面形象

形式夸张、风貌突兀，与乡村环境不匹配

颜色过于艳丽，与乡村风貌不协调

（3）建筑风貌

鼓励在地域特色风貌的基础上进行创新性表达，塑造具有时代感的乡村风貌。

建筑形体上宜相对规整，局部可灵活运用院落、敞厅、露台、楼梯间的进退和交错，塑造错落有致、层次丰富的建筑形体。

鼓励采用地域传统建筑色彩及搭配，遵循所在区域整体色彩特征，与周边建筑整体风貌协调，避免风貌突兀、色彩艳俗。

屋顶形式宜遵循地域气候特征、民族习惯和传统文化，可通过适度的屋顶组合，形成高低错落的立面形象。

新建农房的墙体宜通过色彩、线条、材料、质感的变化，形成地域风貌特色。在经济可行、保障安全的前提下，可采用竹木、砖石等乡土材料，提升建筑的乡土趣味。

门窗形式宜简洁质朴，同一建筑的门窗尺寸、色彩、形式、材料和开启方式应尽量统一。

可结合挡雨板、空调室外机位等功能进行适度装饰，装饰构件宜设置在屋脊、檐口、层间、门窗、勒脚等部位，避免过度装饰、虚假外贴。

墙体宜通过色彩、线条、材料、质感的变化，形成地域风貌特色

农房的门窗形式宜简洁淳朴，色彩样式宜尊重当地传统

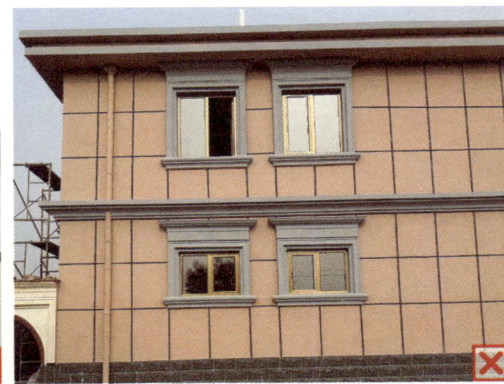

农房墙体、门窗应避免过度装饰或虚假外贴

新建、插建农房宜提高围护结构的保温、隔热性能

宜结合遮阳棚、百叶、绿植等合理设置农房外遮阳

多种形式的空调室外机位

（4）建筑节能

新建、插建农房宜提高围护结构的保温、隔热性能，尽可能利用自然阳光满足照明、冬季采暖的目的。宜结合遮阳棚、百叶、绿植等合理设置农房外遮阳，降低夏季室内温度，减少空调设备能耗。

新建农房宜充分利用太阳能等可再生能源，优先采用太阳能热水系统，在屋面、露台等位置合理设置并规范安装太阳能集热器。

（5）一体化设计

新建农房的附属设施宜作为建筑要素统一考虑，将空调室外机位、太阳能集热器、雨落管等与建筑进行一体化设计。

空调室外机位的设置可采用多种形式，方便设备的安装、使用和维护，避免设备对室外人员造成热污染。

九、院落围合

有条件的村庄可以合理引导院落的建设改造，以满足村民日常生产生活需求。

1. 院落

可根据场地条件及村民的生产生活需求，灵活确定院落形式，合理安排凉台、棚架、储藏、蔬果种植等功能，创造自然、适宜的院落空间。

较小的院落宜相对敞开，较大的院落可相对封闭。

当院落内设置生产性、经营性附属用房时，要采取措施减少其对周边村民生活的影响。

历史建筑和传统建筑多为封闭式院落

院墙应虚实得当，可进行多种形式的镂空处理

院墙应尺度适宜，并与村庄风貌和建筑环境相协调

采用传统材料，按照传统工艺砌筑的院墙

废弃砖瓦砌筑的围墙

围墙与爬藤类植物有机结合，丰富了院落景观

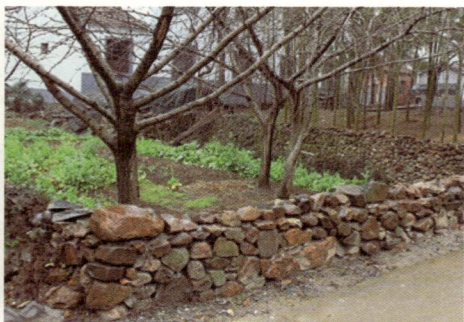

将碎石块堆垒在菜地边，
富有乡土气息与地方特色

院落采用生态铺装

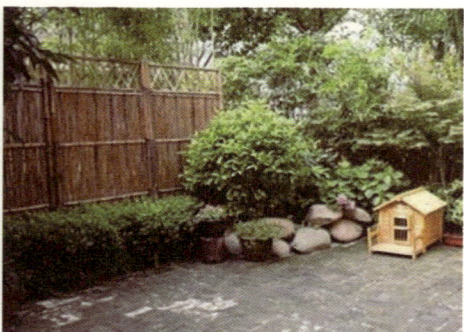

院落铺装与庭院绿化相结合

2. 围合

根据村民生活习惯合理选择围合形式，可采用篱笆、栅栏、院墙与辅房等一起形成院落围合。

当选用块石、砖瓦、竹木等地方乡土材料时，其做法宜简洁质朴，色彩、风格宜与周边环境和建筑主体相协调。

3. 铺装

院落铺装宜与庭院绿化相结合，避免对地面进行过度硬化。

铺装材质宜就地取材，鼓励使用石板、青砖、卵石等地方乡土材料，提倡使用渗水型材料和生态建造手法。

十、公共服务设施

对于特色保护型村庄，既要继续补齐基本公共服务短板，建立健全城乡均等的基本公共服务体系，又要兼顾为文化遗存的保护利用和为特色产业发展服务。

功能集中的村庄公共服务设施

1. 配置要求

村庄公共服务设施按"行政村—自然村"两级配置（配置标准详见附表）。行政村级公共服务设施服务整个行政村域，提供相对齐全的日常生活服务设施，需充分考虑农村居民出行能力、出行方式，合理确定服务半径。自然村公共服务设施主要服务所在居民点，提供基本的日常生活服务配套。

自然山水和历史文化资源禀赋较强、具有乡村旅游潜质的村庄，可配套相应的旅游服务设施，如乡村客厅、文旅驿站、民宿等。

产业特色鲜明的村庄宜建设多种类型的经营性服务设施，为特色农产品展销、工艺展示、游客体验等功能提供空间载体。鼓励充分利用互联网等信息技术建设智慧型乡村服务设施。

旅游服务中心

乡村驿站

东台市三仓镇兰址村：结合现代农业建设电商产业园和展销中心

改造前　改造后

南京市高淳区东坝街道青山村垄上：改造闲置房屋作为旅游接待设施

改造前　改造后

苏州市相城区黄埭镇冯梦龙村：老旧民居导入新业态，改造为旅游服务设施

无锡市惠山区阳山镇桃源村前寺舍爱莲堂：集乡贤馆、村史馆、文化馆等功能于一体

2.建设要点

（1）鼓励改造

鼓励利用建筑遗存以及村庄内部闲置的厂房、仓库、小学等改造成为公共服务建筑，通过结构和功能的更新，赋予新的功能和用途。

建筑改造过程中要合理设计、注重结构安全，对开裂、破损等强度不符合安全要求的部位，进行相应修缮、加固等处理。

（2）功能复合

性质相近、联系密切的公共服务功能宜合并设置，实现空间的复合化利用。党群服务中心、卫生室、文化活动中心、综合中心、警务室等公共服务功能可合并设置，菜市场、生活用品超市、农资超市、快递点等生活服务功能可组合设置。

体量适宜、风貌协调的村庄公共建筑

延续传统风貌的村庄公共建筑

公共建筑采用传统元素和乡土材料，与村庄整体风貌协调

（3）整体协调

新建公共服务设施应规模适度，与服务人口规模相适宜，避免建筑体量过大，破坏村庄原有格局及其依存的自然环境。建筑高度、形体、色彩等宜与村庄整体建筑风貌相协调。

（4）特色彰显

在历史文化遗存丰富、自然山水环境特色突出的村庄，鼓励公共服务建筑设计提取山形水势、乡村文化、传统建筑形体等要素，展现地域特点。宜采用乡土材料，合理运用建筑表现手法，体现乡土特色。

避免村口体型过大，造型复杂，既造成浪费，效果也不佳

古道、古桥、古树构成村口

古树名木作为村庄村口标识

历史建筑作为村口

十一、公共空间

特色保护型村庄公共空间建设需充分考虑村庄的自然景观、历史文化及产业特色的彰显。

1.村口

村口是对外联系的交通节点，也是"乡愁"情感寄托的重要载体，应体现标识性和地方特色。

村口建设应顺应自然、随形就势，乡土经济、尺度适度，避免过于夸张复杂，避免使用现代雕塑、大牌坊等形式。

历史文化遗存丰富的村庄，村口建设应以村民生活体验和情感认同为基础，可利用现状高大乔木或古树名木，也可依托特色建筑，突出入口形象，展现地方风情。

　　自然山水环境特色突出的村庄，应充分利用地形地貌和自然植被，将自然山水元素抽象化表达，融入村口的设计建造中。如乡土材料建造的景墙、乡土花卉搭配木质构架形成村庄的天然指示牌。

南京市栖霞区西岗街道桦墅村：田园景观特色鲜明的村口

南京市高淳区东坝街道小茅山脚：利用本地石材，结合原生植被建设村口

宿迁市宿豫区曹集乡双河村：结合地形，利用砖石、瓦片等乡土材料建设村口

产业特色鲜明的村庄，可通过提炼特色产业、产品、生产工具等特色元素符号，设计建造村口空间；也可针对特定生产、生活场景进行"还原"，展示"乡愁"味道。造型、色彩应与村庄整体风貌相协调。

溧阳市上兴镇牛马塘村：村口造型展示村庄红薯产业

宿迁市宿豫区顺河街道林苗圃村：以木桩构成的小品展示村庄苗木产业

昆山市张浦镇金华村：结合产业，利用地形起伏，展示村庄特色风貌

2.公共场地

（1）公共活动场地

应根据村庄形态，选择在方便村民使
用的地方，优先利用村内闲置场地建设
公共活动场地。

可结合现状大树、桥梁、码头等布
置，形成一定的公共活动序列；也可与
村民活动中心、文化大讲堂等公共建筑
合并布局。

公共活动场地应紧扣村民生活需求，
成为村民日常交流聚会、举办文体、民
俗活动以及操办红白喜事的场所，形成
具有活力的村庄公共空间。

将村庄公共空间作为展示特色文化的重要载体

村民们的日常休闲空间

村民的乡村小剧场

村里的传统文化活动

大尺度广场与村庄肌理不相协调

村庄避免建设喷水池

应巧妙利用原生植物和地形变化塑造宜人景观环境。

避免场地功能单一，尺度过大，硬质化过多，舒适度不佳；避免机械采用几何图案式、整形灌木、树阵、喷水池、大广场等"城市化""布景化"建造手法。

历史文化遗存丰富的村庄，公共活动场地建设应结合村庄历史文化遗存或非物质文化遗产的保护，为文化展示和传承提供空间载体。场地内可设置与传统文化相关的小品、标识，展示村庄特色。

结合历史遗存，打造公共活动空间

自然山水环境特色突出的村庄，公共活动场地应尽可能与村庄公共绿地、滨水绿带相结合，选择景观资源集中的地段进行建设。

在林下布置公共活动设施，建设公共活动场地

产业特色鲜明的村庄，公共活动场地建设可突出展示特色产业，可根据产业特点设计建造小品标识。

依托村庄自然环境资源建设活动场地

以红薯产业为主题的公共空间

以竹艺编织打造的公共空间

（2）体育健身场地

体育健身场地选址应方便村民使用，可与公共活动场地结合布置，与住宅保持一定距离，注意与周边交通的隔离。

场地铺装应采用软性材料，健身器材的安装应注意根据活动特征保持足够距离，保证场地的安全性。

运动场是乡村中最具活力的地方

健身场地应布置在软地上，如塑胶、草地、沙土地，不宜布置在硬地上

3.水体驳岸

按照畅通水系、改善环境、修复生态的要求，开展村庄水体及水岸整理，努力打造"水清、流畅、岸绿、景美"的村庄水环境。

（1）水体生态

及时清理河道淤积杂物、沟通水系。可结合现状水系形状及水文条件，对水系进行沟通串联，提高水系流动性。

保持水系贯通，河道沟渠无淤塞。

保护河道沟塘原有水生动植物，促进水系生态良性循环，保持河塘沟渠的自然生态修复功能。

宿迁市宿城区王官集镇唐圩村水系沟通及整治方案

清理淤积河道，改善水质

良好的河流环境显著提升村庄品质

生硬、连续的硬质驳岸破坏村庄风貌

生态驳岸使得村庄环境更为宜人

（2）驳岸自然

应尽量保留现状的生态自然驳岸形式，除行洪需要必须硬质化以外，避免使用连续硬质驳岸和陡坡。

必须使用硬质驳岸区域应优先采用生态材料，宜选择形式多样、生态透水的驳岸形式。不宜在水上架设过于突兀的水上步道。

可采用藤蔓植物下垂遮挡或在浅水处配植滨水植物起护坡和丰富岸线的作用。

4. 标识小品

（1）小品

村庄小品是村庄环境提升的点睛之笔，应精致小巧，放置于关键位置处。

村庄小品应便于实施、使用、维护，鼓励充分利用当地乡土材料。

避免数量过多影响村庄环境；避免体量过大，造型夸张；避免采用喷泉、假山、过于曲折的廊桥等；避免选择工艺粗糙的成品小品；避免乡土材料的过度使用。

水乡村庄以木船作为景观

一口古井，记录了村庄的历史

乡土材料制作的小品

避免乡土材料的过度使用

过于曲折的廊桥既不经济，又不实用

造型朴实的村庄小品

历史文化遗存丰富的村庄，小品建设应强化村庄历史文化特色，造型与色彩应古朴自然，与村庄风貌相融合，精致小巧，成为村庄的点睛之笔。

结合场地建设，点缀景观小品

自然山水环境特色突出的村庄，小品建设提倡采用当地材料，充分融入自然风貌之中。

以大类为元素的主题小品　　　竹艺编织而成的主题小品

产业特色鲜明的村庄，小品可以结合特色产业或产品进行设计建造，既能宣传特色产业，又能展示特色风貌。

（2）标识

村庄标识应易于识别，指向明确，在方便使用的同时体现村庄特色和乡土风情。

标识牌需清晰明确，满足近观需要；导向标识的指示牌应明确无歧义，需放置在醒目恰当的位置；同类标识宜风格一致。

村庄标识体现村庄特色和乡土风情

（3）招牌

招牌应体现当地文化特色和乡土风情，与乡村自然风貌协调统一，色彩协调，简洁大方。

可对村庄招牌系统进行整体设计，既要有功能性，又要有艺术性；既能吸引顾客，也能成为村庄特色主要宣传展示窗口。

乡土朴素的店招

十二、绿化景观

村庄绿化应品种乡土、布局自然、组合自由，尽量保留村庄原生植被，注重与村庄风貌相协调，通过植被、水体、建筑的组合搭配，形成季相分明、层次丰富的绿化景观。

1.公共绿地

公共绿地是村民重要的活动场所，绿化配置简洁实用，以乔木为主，灌木为铺，避免大草坪、模纹色块等城市绿化形式，提倡采用果树、乡土树种、农作物、爬藤植物、乡土花卉等，创造亲切的邻里氛围。

以休憩为主的公共绿地可充分利用村内已有的树林，配备凳椅、棋桌、亭台等设施，靠近村民住宅的绿地应避免对建筑采光造成影响。

利用原有小树林，增加林下活动空间

2.路旁绿化

路旁绿化应朴实、经济、自然，乔木为主、灌木为辅，也可种植果树、蔬菜等，营造多样的道路绿化景观。

有条件的村庄可以将植物配置与景观设计相结合，使用观赏性较强、易于维护的树种，打造主题式道路绿化景观。

乔木种植应注意与房屋及地下管网的安全距离，避免对地下管网及房屋基础造成影响。

主要乔木列植，形成生态、自然的绿化效果

采用自然的种植方式，村庄景色怡人

路旁绿化推荐品种一览表

植物类型	植物名称	适栽区
乔木	银杏、朴树、榆树、雪松、水杉、榉树、光叶榉、小叶榉、响叶杨、意杨、小叶杨、毛白杨、河柳、旱柳、垂柳、薄壳山核桃、枫杨、白玉兰、广玉兰、香樟、重阳木、黄连木、栾树、无患子、南京椴、喜树、白花泡桐、紫花泡桐、楸树、梓树、黄金书、糠椴、臭椿、枫香、杜仲、合欢、山合欢、洋槐、红花刺槐、槐树	全省
	杂种鹅掌楸、乌桕、梭罗树、毛红椿、深山含笑、阔瓣含笑、香樟、二球悬铃木、一球悬铃木、三球悬铃木、巨紫荆	苏南、苏中
灌木	冬青、大叶冬青、建始槭、色木槭、元宝槭、青桐、女贞、落叶女贞	全省
	海棠、杨梅	苏南、苏中

对过于狭窄的巷道空间，可通过增加垂直绿化，设置与巷道空间相契合的种植槽、种植箱等方式柔化空间，丰富巷道界面。

巷道内见缝插绿，丰富巷道界面

巷道内的垂直绿化起到装饰作用

3.宅旁绿化

宅旁绿地应注重见缝插绿，以种植瓜果蔬菜为主，适当增加乡土景观植物，注重季相变化，打造四季景观。

通过色彩丰富、形态多样的乡土树种搭配，结合自然地形条件，营造乡土风情浓郁的绿化环境。

植物种植应与建筑保持一定的距离，避免影响建筑采光或破坏房屋基础，还应关注当地风俗习惯，避免种植村民较为忌讳的绿化品种。

宅旁种植瓜果蔬菜

宅旁小菜园是乡村特有的风景

充分利用村庄空闲地，见缝插绿

宅旁绿化推荐品种一览表

植物类型	植物名称	适栽区
乔木	银杏、朴树、榆树、枫香、杜仲、栾树、无患子、青桐、白花泡桐、紫花泡桐、薄壳山核桃、杂种鹅掌楸、白玉兰、广玉兰、香椿、重阳灌木、合欢、洋槐、臭椿、黄连木、海桐、碧桃、垂直碧桃、樱花、紫荆、鸡爪槭、红枫、木槿、柿	全省
	香樟、喜树、乌桕、深山含笑、杜英、罗汉松、夏腊梅、木芙蓉	苏南、苏中
灌木	女贞、落叶女贞、冬青、大叶冬青、绣球、八仙花、榆叶梅、梅、杏、垂丝海棠、西府海棠、石楠、红叶李、李、火棘、月季、绣线菊、结香、杜鹃、连翘、野蔷薇、紫藤、葡萄、常春藤	全省
	阔叶十大功劳、枇杷、观叶石楠、山茶、丹桂、金桂、夹竹桃、栀子、凌霄花	苏南、苏中
草本	刚竹、粉绿竹	全省
	孝顺竹、凤尾竹、毛竹、阔叶箬竹	苏南、苏中

水旁绿化推荐品种一览表

植物类型	植物名称	适栽区
乔木	千头柏、水杉、中山杉、意杨、垂柳、金丝垂柳、河柳、旱柳、杞柳、桑树、枫杨、赤杨、榉树、合欢、紫穗槐、无患子、山茱萸、红瑞木、重阳木、薄壳山核桃、椰榆、乌桕、木芙蓉、白蜡树	全省
	湿地松、日本柳杉、池杉、落羽杉、墨西哥落羽杉、江南杞木、银缕梅、榡木、喜树	苏南、苏中
灌木	探春花、女贞、法国冬青、金银木、水杨梅	全省
	洒金桃叶珊瑚、金钟花	苏南、苏中
草本	石菖蒲、金边石菖蒲、花菖蒲、黄菖蒲、垂盆草	全省
	猫爪草、金叶过路黄	苏南、苏中

4. 水旁绿化

　　注重保护水旁原生植被，水旁绿化品种宜选用耐水性较强的植物，采用自然生态的布局形式，注重亲水、挺水、沉水等植物搭配，形成以水为特色的滨水绿化景观。

　　村庄外围河道宜列植经济林木，树形应高大耸直，常绿与落叶树搭配种植，重要地段可根据需要少量搭配花灌木。村庄内部河道宜采用自由的种植方式，重要区域应注重植物多样性，关注季相变化。

水旁绿化与公共绿地相结合，营造优美的景观环境

水旁种植芋头，既美化环境，又有经济价值

村庄掩映在滨水绿化中

根据不同驳岸坡度选择不同水生植物

5.庭院绿化

庭院绿化可以与生产相结合，院子中可种植蔬菜、果树等农作物，在提供果实供人们食用的同时，也能形成农村特有的绿化景观。

庭院内还可以种植观赏类植物，增加观赏性的同时还有一定美好寓意。植物种植应尽量避免对建筑采光的影响。

种满瓜果蔬菜的庭院

种植观赏类植物，打造个性化庭院

6.田园风光

依托适当规模的观赏农田、瓜果种植，观赏苗木、特色花卉等，打造富有连贯性和震撼力的大地景观，营造优美独特的田园景观、山水景观、农耕文化景观，提升村庄景观品质，展示乡村魅力。

丘陵山区"村田相映"的空间景观

景观性与经济性兼顾的田园景观

石砌路面

片石路面

卵石路面

石板路面

废弃黏土砖铺装路面易破损

水泥修补传统街巷铺装破坏传统风貌

十三、基础设施

历史文化遗存丰富和自然山水环境特色突出的村庄，其基础设施建设应避免影响自然环境和村庄风貌；产业特色鲜明的村庄基础设施建设应充分考虑产业发展需求。

1.道路与停车

在保护传统街巷道路走向、尺度和风貌的前提下，完善村庄道路布局、附属及停车设施。

（1）既有道路保护与修缮

历史文化遗存丰富的村庄，应注重保护村庄传统街巷格局，保留并修复富有特色的石板路、青砖路。可在部分路段合理设置路障设施，避免车辆损坏路面铺装。

村庄破损道路的修缮应注重路面材质、铺装方式、巷道尺度的延续，宜采用传统建筑材料，保持或恢复传统铺装方式，尽量采用人工修缮，避免大型机械设备造成额外的破坏。

（2）新（改）建道路建设

村庄道路布局应尊重自然，顺应山水格局、地貌地形及形态肌理，避免推山、填塘、砍树等行为。

根据村庄规模确定道路等级，可分为主要道路、次要道路、宅间道路，不同等级道路应满足不同通行功能。

历史文化遗存丰富的村庄，主次道路及对外联系道路应在延续、保护原有传统街巷的适宜尺度、风貌的前提下，有效串联历史文化重要节点、特色山水资源等要素，满足村民日常生活出行及游客游览需求。

发展旅游的村庄，对外道路及主要游览通道应充分考虑旅游人口规模进行设置，适当增加适宜的道路空间，有条件的应实行人车分流。

（3）道路照明

宜在村庄主次道路和公共活动场地设置路灯，光源采用节能灯或太阳能灯具。灯具形式应能彰显村庄特色文化，与周边环境相协调，历史文化遗存丰富的村庄可采用复古式灯具，有条件的村庄可考虑对灯具进行专门设计。

采用单独架设、随杆架设和随山墙架设等方式灵活布置村内路灯。灯具照明半径宜为20~30米，主要道路、次要道路、宅间道路宜选用不同高度的路灯。

改建道路尺度与村庄格局相适应

传统样式灯具

造型乡土的竹制灯具

新中式的灯具

木制灯具

沿道路一侧的停车场

设置于传统村落外围的停车场

农机集中停放的场所

有条件的村庄可适当配备充电桩停车位

（4）停车场地

应充分利用村庄闲置空间，采用集中与分散相结合的方式布局停车场地。集中停车场宜充分考虑村民交通出行路线，结合村庄入口和主要道路，设置在村庄外围交通便捷之处。

在不影响道路通行的情况下，可通过优化村庄交通标线、划定禁停格、安装禁停标志牌等措施，在主要通车道路单侧划定路边停车位。

传统村落、历史文化名村的公交车站、旅游停车场应设于村庄外围。

发展旅游、有农业机械停放需求的村庄宜设置大型运输车辆、农机器械停车场。

集中停车场宜采用透水铺装等生态方式进行建设，并预留充电桩。鼓励集中停车场"一场多用"，停车场可兼做农作物晾晒、集市、文体活动场地等。

2. 村庄供水

（1）供水模式

村庄供水应与区域给水管网同源、同网、同质、同服务，无法接入区域供水管网的村庄可根据水源特性，设置集中式或分散式净水设施，保障饮水水质及安全。

（2）管网布局

重点改造老旧、损坏、漏损率高、管径偏小、不规范敷设的供水管道，并结合供水管网改造，优化管网布局。

3. 雨水排放

（1）排水体制

村庄排水宜采用雨污分流制，已建成合流制排水系统的村庄应适时改造为分流制；确实无法改造的，可采用截流式合流制。

（2）雨水排放方式

村庄雨水应优先利用地形自然排放，也可选用生态沟渠收集排入附近水体。对于雨水自然排出困难的区域，应设置雨水管道组织排放。

鼓励通过场地、道路等公共空间设置下凹式绿地、生态滞留沟等海绵设施，降低雨水径流量，对雨水进行利用、净化。

（3）雨水管道、沟渠

沿道路敷设雨水沟渠、管道，新建道路雨水沟渠宜优先选择生态植草沟，或采用梯形、矩形断面，也可选用混凝土或砖石、条（块）石、鹅卵石等乡土材料砌筑。

乡土的雨水排放沟渠

就近组织村庄雨水排放

与道路一体化建设的边沟

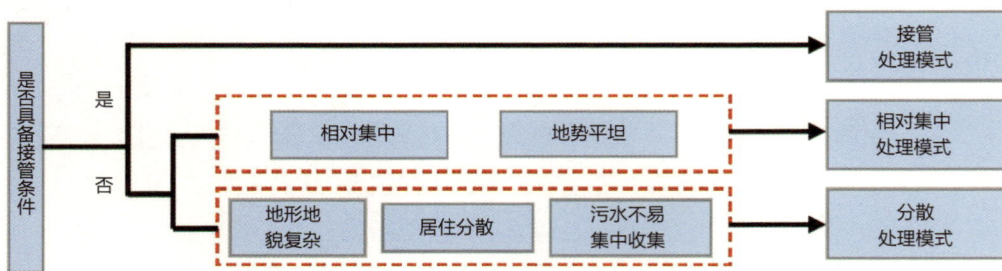

村庄污水处理模式指引图

村庄污水管网布局示意图

4.污水治理

（1）处理模式

邻近城镇或具备接管条件的村庄，应优先纳入城镇污水系统统一处理；无接管条件的村庄应优先选用相对集中处理模式，设置小型污水处理设施集中或分片对村庄生活污水进行处理；地形地貌复杂、居住分散、污水不易集中收集的村庄，可采用相对分散的处理模式。

（2）污水收集系统

村庄应建设完善的污水收集系统，生活污水通过污水管道实现应收尽收。

污水管道应考虑村庄布局、道路走向、地形地貌，充分利用自然高差，按管线距离短、埋设深度小等原则，沿道路或平行房屋敷设。

（3）设施选址

污水处理设施选址应综合考虑建筑布局、风向等要素，布置在村庄下风向、水系下游处，并与周边风貌、环境相协调，可通过景观、艺术设计等方式进行装饰美化。

（4）处理工艺

发展乡村旅游的村庄应在农家、民宿及其他公共建筑排水口处建设隔油池，且村庄污水处理设施应配置足够的污水调节空间，满足不同时段、人口条件下村庄污水处理负荷要求。以养殖业为特色的村庄应建设完善养殖业尾水排放处理设施。

考虑村庄所在地区环境、村庄经济基础等因素，因地制宜选择污水处理工艺。尾水排放应根据收纳水体功能要求，满足《农村生活污水处理设施水污染物排放标准》DB 32/3462的规定。

相对集中处理工艺可针对性选择生物处理技术、生态处理技术或生物生态组合技术。生物处理技术可采用A/O生物接触氧化技术、生物接触氧化技术等；生态处理技术可采用有机填料型人工湿地、组合型人工湿地等；生物生态组合技术可采用脉冲生物滤池技术、生物滴滤池技术等。

与环境景观协调的污水处理设施

污水处理工艺表1

	推荐技术	适用范围
生物处理技术	A/O生物接触氧化技术	适用于河网区、平原或地形较为平坦的村庄，也适用于山区等地势起伏较大的村庄，处理规模为1~500立方米/日
	生物接触氧化技术	适用于相对集中、处理规模宜为10~250立方米/日的村庄
生态处理技术	有机填料型人工湿地	适用于居住相对集中、水环境容量大、对出水水质要求不高、村庄经济基础相对较弱的村庄
	组合型人工湿地	适用于20户以上（水量10立方米/日以上）的村庄
	土壤渗流技术	适用于平原、丘陵地区的相对集中居住的村庄，处理规模宜为10~500立方米/日
生物生态组合技术	脉冲生物滤池技术	适用于河网区、平原区或地形较为平坦的村庄，住户相对集中，户数从十几户至数百户，处理规模为5~100立方米/日
	生物滴滤池技术	适用于地形较为平坦、土地资源较为紧张、无条件配备专业管护人员的村庄，处理规模不小于5立方米/日

分散处理模式村庄污水处理工艺宜选用户用生态利用模块或净化槽处理技术。

污水处理工艺表2

推荐技术	使用范围
户用生态利用模块	适用于1~2户零散污水处理或村庄经济、技术基础相对薄弱、水环境容量较大的村庄
净化槽	适用于住宅分散，污水管网敷设困难以及水环境较为敏感的村庄，处理规模为1~10立方米/日

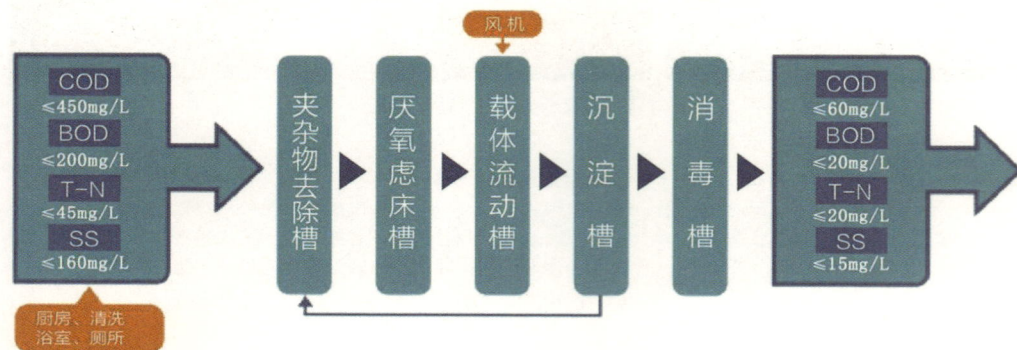

净化槽工艺流程图

（5）污水资源化利用

村庄生活污水经处理后宜考虑尾水利用，用于农田灌溉的，应符合《农田灌溉水质标准》GB 5084的规定；用于景观补水的，应符合《城市污水再生利用 景观环境用水水质》GB/T 18921的规定。

5. 垃圾治理

（1）收运体系

按"组保洁、村收集、镇转运、县（市）处理"方式组织生活垃圾收运，建立"有制度、有标准、有队伍、有经费、有督查"的村庄环境卫生长效管护机制。

（2）分类减量

有条件的村庄应积极开展农村生活垃圾分类，采用村民弄得懂、易操作、可接受的分类方法，推动生活垃圾源头分类减量，可将生活垃圾分为易腐垃圾、有毒有害垃圾、可回收物和其他垃圾四类。

易腐垃圾实施就地生态处理，有毒有害垃圾按相关规定统一收运处理，可回收物由废旧物资回收站或资源回收企业处理，其他垃圾进入城乡统筹生活垃圾收运处理体系，由城市垃圾终端处理设施进行无害化处理。

（3）设施配置

根据村庄规模和形态，合理配备垃圾收运设施，生活垃圾日产日清，无暴露垃圾和积存垃圾。

发展旅游的村庄可沿主要道路每隔80~120米设置果皮箱，果皮箱应造型美观、风格与周围环境协调。

鼓励结合村庄产业特色，采用一村一建或者多村合建的方式，选择适合当地的易腐垃圾处理工艺，如阳光堆肥房、厌氧发酵、一体化处理机等，将易腐烂垃圾及农业有机垃圾就地生态处理后回用。

分散式垃圾分类收集设施

与村庄整体风貌协调的集中收集设施

发展旅游的村庄宜设置果皮箱

具有特色的易腐垃圾存放点

既简单大方，又富有特色的公共厕所

历史建筑因地制宜设置灭火器

村庄消防点

6.公共厕所

根据村庄规模和形态合理布局公共厕所，1500人以下规模的村庄，宜设置1~2座，1500人以上规模的村庄，宜设置2~3座，公共厕所应至少达到三类水冲式建设标准。发展旅游的村庄，可结合游客服务中心适当增加公厕的配置，还要充分考虑特殊人群需求，宜设置母婴室及第三卫生间。

公共厕所可结合村庄公共建筑和公共绿地布局，并适当采用绿化植被遮挡，减少对周边农户干扰。公共厕所应干净整洁、经济节约，避免求大、求洋，外观应与村庄整体风貌协调，鼓励使用乡土材料，形成乡土特色。

7.消防

根据《农村防火规范》GB 50039，考虑村庄规模、区域条件、经济发展状况及火灾危险性等因素设置消防站和消防点。消防点可结合村庄公共建筑设置，利用给水管道或天然水体为消防水源。

文物保护单位、历史建筑的周边、内部消防设施、消防通道建设原则上应参照《建筑设计防火规范》GB 50016要求，提高历史建筑的防火性能。在有冲突的情况下，应按照科学性、合理性和实施性，加强专家层面的技术论证，具体问题、具体分析。

8. 其他市政设施

（1）供电

历史文化遗存丰富的村庄，电力线路以杆线整治为主，消除私拉乱接现象，拆除影响村容村貌的电力杆线，杆线排列应整齐，尽量沿路一侧架设。新建电力线路可埋地敷设。

（2）通信

产业特色鲜明的村庄应重点提升电商服务、邮政快递收发等通信设施。有条件、有需求的村庄可推动5G网络覆盖建设。

村庄通信线路应排列整齐，各运营商通信线路宜共杆架设。重点梳理村口、道路交叉口、公共活动空间等区域的杆线，减少线路交叉，拆除凌乱及影响村庄环境美观的通信杆线，新建通信线路可埋地敷设。

（3）能源

具备引入管道天然气的村庄应接入燃气管道，管道宜埋地敷设，并避免破坏村庄内的文物保护单位、历史建筑、历史环境要素等文化遗存。当燃气管道不具备埋地条件时，在做好美化措施的前提下也可采用沿墙敷设。

9. 管线综合

在管线建设时应注重各类管线的综合，当传统街巷地下空间狭小时，应在保证安全的前提下提出工程措施。优先埋地敷设各类管线，当条件限制时，部分管线可架空敷设，并可适度进行装饰美化，减少对村庄风貌的影响，也可采用微型管廊、缆线管廊、小型管沟的方式集约管线空间。

对老化线路及时进行更换

整齐排列的供电杆线

小型管沟示意图

规划新建型村庄

　　规划新建型村庄应选址科学，边界自然、规模适度，配套完善基础设施和公共服务设施，营造有序灵活、错落有致的建筑组群空间，体现当代设计建造特色。

一、新建类型

1.整村新建

根据国家和省有关规定，对于位于生存条件恶劣、生态环境脆弱、自然灾害频发等地区的村庄，因重大项目建设需要搬迁的村庄，以及人口流失特别严重的村庄，可进行整村新建。应综合考虑地形地貌、现有基础设施条件、农业产业结构特点及村民就业通勤情况，科学选址，统筹安排村庄用地布局。

2.老村扩建

老村扩建宜依托现状规模较大、建设基础较好的规划发展村庄拓展建设。应科学确定发展方向，在原有基础上有序拓展，通过良好的基础设施和公共服务设施配套，吸引周边村民集聚。

东台市梁垛镇临塔新型农村社区

徐州市铜山区三堡街道潘楼村：围绕水塘，在老村周边扩建

丰县师寨镇小韩村

响水县响水镇五河村：在老村外围交通便捷的地区扩建新社区

二、选址与边界

1.选址科学

村庄选址应符合镇村布局规划、村庄规划等要求。

要根据经济社会发展水平和农业现代化进程，综合考虑地形地貌、区域性基础设施条件、农业产业结构特点、产业的经济规模，优先考虑公共服务设施方便配套、产业发展具有一定基础、交通条件便利或山水生态资源优越的地区。

禁止占用永久基本农田、饮用水水源保护区，避让自然保护区、风景名胜区和历史文化保护区核心区域，避开采煤塌陷区、地震断裂带、滞洪区或存在地质灾害隐患的区域。

不能位于生态红线和省级一级生态管控区内，不能位于铁路、高等级公路等交通廊道控制范围内，不能位于区域性基础设施环境安全防护距离内，与危险化学品及易燃易爆品生产存储区域应保持足够的安全防护距离。

宿迁市宿豫区大兴镇倪牌坊新型农村社区：顺应现状农田、林地，村庄呈组团状布局

金湖县吕良镇湖畔旺屯新型农村社区：选址在两河之间并适当退让河道

2.边界自然

村庄边界应有机自然，并尽可能让现状山、水、林、田、湖成为村庄的自然边界，避免简单、机械、方正。

（1）以河流、山体为边界

村庄建筑顺应水形山势布局，可形成空间层次丰富、高度变化多样的形态。

依山而建的村庄，随山体走向布局，形态更加丰富。依水而建的村庄，顺应水系的走向，富有曲折变化。

水乡地区以自然水系作为村庄边界

丘陵山区村庄结合地形灵活布局

（2）以道路、耕地为边界

以道路、耕地为边界时，应避免直接机械地采用几何线条。

以对外道路为村庄边界，要让村庄与对外道路之间有一定的绿化隔离，既能保证交通安全，又能减少道路交通对村民的干扰。

（3）以林地为边界

根据林地走向及趋势布局村庄，使村庄和林地有机融合，塑造"房在绿中"的立体形态特征。

平原地区村庄以道路、耕地作为村庄边界

避免机械地以道路划分村庄边界，使村庄与
自然环境完全割裂

以林地作为村庄边界

三、村庄规模与布局

1. 村庄规模

应立足当地经济、社会、人口发展水平，考虑公共设施和基础设施配置的经济合理性，科学控制村庄规模。

规划新建型村庄规模以300~500户为宜，对于确需集聚较大规模的村庄，应结合河流水系、树林植被、道路网络和村庄原有社会结构，划分为若干大小不等的居住组团，形成适宜的规模尺度。

依托老村扩建的村庄，可在村庄原有基础上沿1~2个方向适度拓展，形成紧凑布局形态，避免无序蔓延。

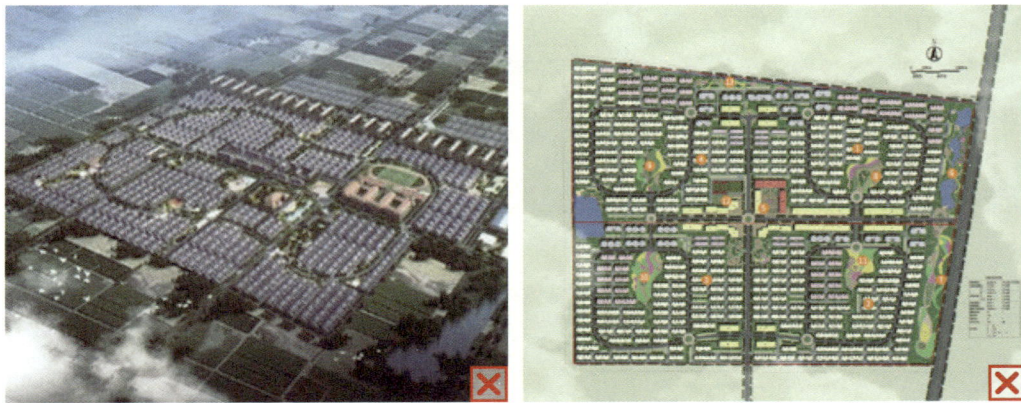

新建村庄应避免规模过大

规模较大的村庄利用道路、水系，划分为多个组团

破坏山水环境，布局生硬机械

村庄布局结合山水环境，顺应自然地形

村庄建设充分利用自然水塘、林地，融入周边环境

2.布局原则

（1）顺应山水格局

应妥善保护村庄周边及内部的水体、山体，维护自然格局和大地景观的连续性和完整性。

巧妙利用自然生态格局和地形地貌变化，形状无需规整，地势无需平坦，借势就力，合理组织农房、公共场地、街巷等各项建设。

（2）融合田园景观

要充分利用现状林地、农田等自然资源要素，营造"村庄、林地、农田"和谐共生的空间环境。

（3）布局疏密有致

村庄总体布局应疏密有致，合理组织农房、公共场地、街巷等各项建设，形成有序的空间脉络。

不应盲目照搬城市住宅区的布局形式，避免行列式、兵营式、几何图案式等机械生硬的布局方式。

村庄布局机械生硬，几何图案化

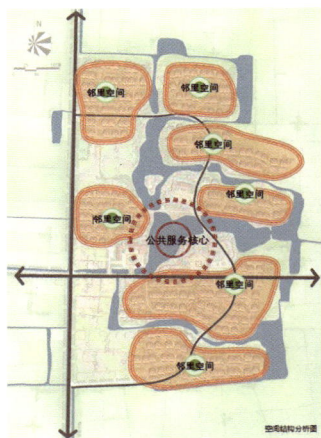

宿迁市宿豫区关庙镇林河村村庄总体布局

可参考、借鉴当地传统村落布局形式

（4）注意新老融合

依托老村扩建的应充分考虑当地村民的生产、生活需求和生态保护需要，合理延续原有村庄建筑组群、街巷走向、院落形式，实现村庄自然有机生长。

避免新老村庄在空间尺度、街巷格局、建筑体量、风貌色彩等方面不协调。

溧阳市上兴镇牛马塘村：村庄新建部分延续老村空间肌理，新旧融合

新建农房风貌、体量与老村差异过大

宿迁市宿城区耿车镇刘圩村：新村建设与老村整治相结合

村庄布局顺应地形自然生长，形成与环境融合、变化丰富的布局形态

村庄顺应河流水系布局

3.布局模式

（1）依山傍水、疏朗布局

地形条件较为复杂的地区，受到道路、河流、湖泊、山坡、耕地等因素的影响，村庄布局应顺应地形地貌，让建筑与林地、山体、水系相互穿插，形成与环境融合、变化丰富的平面形态。

村庄布局生硬，与周边环境割裂

（2）化整为零、组团布局

规模较大的村庄可以分解成若干规模较小的组团，并依据水系、山林、田园等自然要素有机布局，形成丰富的村庄空间形态，同时便于分期建设，节约工程投入。

利用住宅户型、院落大小、建筑组合的变化，打破空间单一的行列式布局，形成街坊、街巷、院落等层次分明的组团空间。

组团内部宜布置公共活动场地、公共绿地、乡土景观或有一定标志性的构筑物、树木植物等。

以公共活动场地作为组团中心

将村庄分解成若干规模较小的组团，并依据水系、山林、田园等自然要素有机布局

（3）围绕公建、集约布局

新建村庄布局要考虑区域性公共服务设施条件，充分利用现有设施，新建的其他设施也要能为周边村庄服务。

要考虑村民使用的便利性以及设施覆盖的人口规模，宜围绕公共服务设施及公共活动空间适度集约布局，避免村庄布局过度分散造成资源浪费。

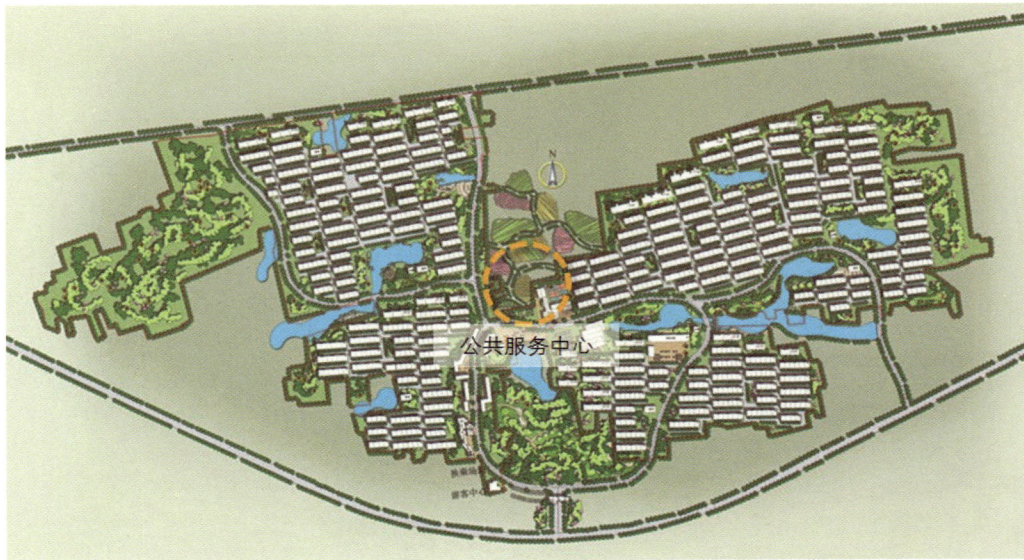

在三个村庄中间设置公共服务中心，三村共用

（4）结合产业、灵活布局

应考虑村庄产业类型、村民就业情况，按照有利生产、方便就业的原则，统筹谋划村庄布局。

村庄住宅空间应与加工场、晒场、堆场、库房等生产空间保持一定距离。

发展乡村旅游的村庄应将旅游设施与村庄居民生产、生活适当分离，减少干扰。

村庄与加工作坊保持一定的安全防护距离

民宿位于村庄边缘，与村民生活适当分离

新建农房的堂屋、起居、餐厅功能连通为一个大空间

厨房可同时设置燃气灶和大灶，充分考虑农民生活习惯

四、新建农房

1.功能与体量

（1）建筑功能

农房功能空间的设置应满足村民生产、生活需要，做到布局合理、功能适用、安全可靠、资源节约，并充分考虑建筑防火、安全疏散和私密性要求。

农房各功能空间宜分区明确、布局紧凑，实现寝居分离、食寝分离和净污分离。每户应设置堂屋、卧室、厨房、餐厅、卫生间、户内楼梯等基本功能空间；并可根据当地村民的生产生活习惯，设置相应的储藏、院落、辅房、门廊（门厅）、阳台（露台）等辅助功能空间。

农房的堂屋宜宽敞明亮，空间完整，有足够的活动面积和家具布置空间。卧室宜南向布置；厨房、卫生间和楼梯间宜靠近北侧布置，避免占用南向采光面；卫生间应直接通风、自然采光；可设置阳台或露台，满足晾晒需求。

（2）建筑体量

农房建筑面积和占地面积应满足当地政府规定。

农房内部各功能空间的面积需要满足农民的日常使用，并宜与总建筑面积相匹配。

农房的建筑层数应控制在三层以内，层高不宜过高，一般为2.8~3.3米。

农房建筑体量示意图

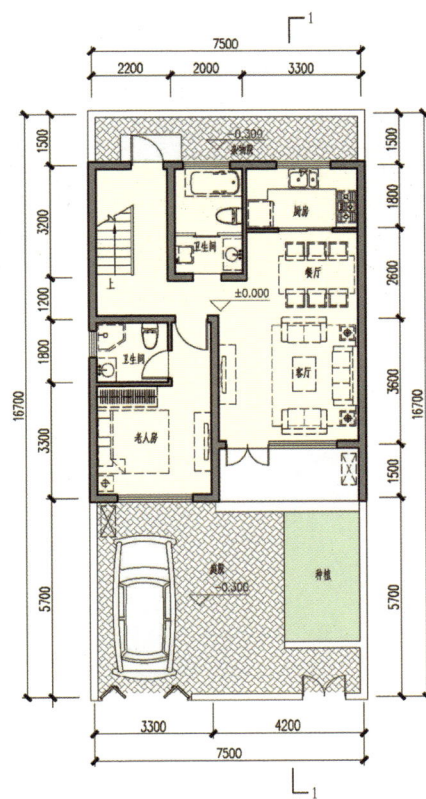

一层平面图

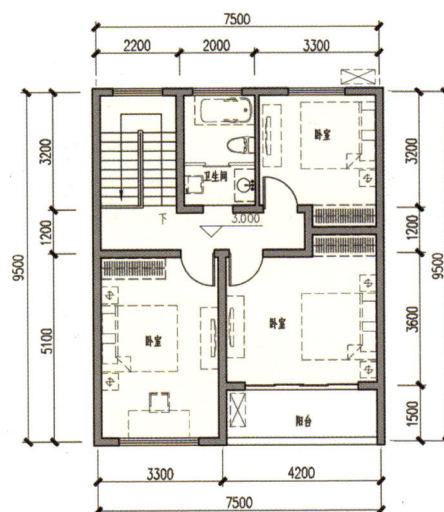

二层平面图

宜通过局部进退、错落形成丰富的农房建筑形体

农房建筑色彩应基于地方材料的本色，与周边建筑整体风貌协调

避免建筑形体过于整齐

避免色彩突兀、反差过大

2. 建筑风貌

（1）形体

新建农房应尺度适宜，形体上宜相对规整，局部可灵活运用院落、敞厅、露台、楼梯间的进退和交错，塑造错落有致、层次丰富的立面形象。

避免建筑形体过于整齐；避免局部凹凸过于复杂，造成施工困难、成本增加。

（2）色彩

农房建筑色彩可基于地方材料的本色，与周边建筑整体风貌协调，避免色彩突兀、反差过大。

（3）屋顶

屋顶坡度需要满足排水、遮阳、防积雪等要求，形式宜遵循地域气候特征、民族习惯和传统文化。

宜通过适度的屋顶组合，形成高低错落的屋面，避免大量采用欧式四坡顶等与乡村风貌不协调的屋顶形式。

宜通过适度的屋顶组合，形成高低错落的屋面

（4）墙体

墙体可进行墙顶、墙面、墙基（勒脚）的划分，宜通过色彩、线条、材料、质感的变化，形成地域风貌特色。

墙体材料宜尽量就地取材，并与建筑结构形式相匹配。墙体饰面除了使用涂料以外，可灵活使用干粘石、水刷石、竹木等材料进行饰面，体现乡土风情。

墙体宜通过色彩、线条、材料、质感的变化，形成地域风貌特色

农房的门窗形式宜简洁淳朴，色彩样式宜尊重当地传统

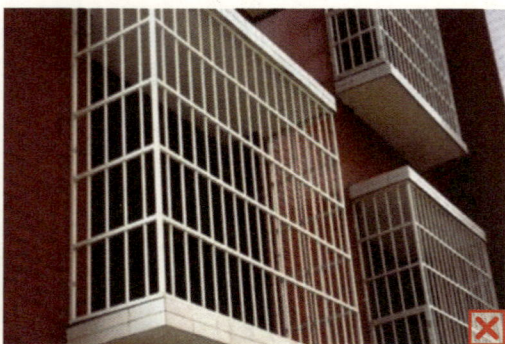

门窗形式和相应功能构件（如防盗窗网等）过分夸张

（5）门窗

门窗形式宜简洁质朴，可适当设置窗套、窗花、窗楣等装饰构件，同一建筑的门窗尺寸、色彩、形式、材料和开启方式宜尽量统一。

避免门窗形式和相应功能构件（如防盗窗网等）过分夸张。

3.建筑节能和一体化设计

（1）形体布局

农房布局要充分考虑冬季日照和夏季通风，建筑应尽量南北朝向，东西向偏角不宜过大。

建筑形体宜相对规整，不宜出现过多的局部突出或凹进部位。

（2）节能技术

农房应提高围护结构保温、隔热性能，提高供暖、空调设备能效比，节能设计应符合《农村居住建筑节能设计标准》GB/T 50824的要求。

农房宜充分利用自然采光和通风，外立面宜结合遮阳板、百叶、绿植等合理设置外遮阳以减少太阳辐射，降低夏季室内温度。

农房宜充分利用太阳能等可再生能源，优先采用太阳能热水系统，在屋面、露台等位置合理设置并规范安装太阳能集热器。

农房应提高围护结构的保温、隔热性能

宜优先采用外墙自保温系统

在屋面、露台等位置合理设置太阳能集热器

设置外遮阳

利用绿植减少太阳辐射

（3）附属设施一体化设计

农房的附属设施宜作为建筑要素统一考虑，将空调室外机位、太阳能集热器、雨落管等与建筑进行一体化设计。

空调室外机位的设置可采用多种形式，方便设备的安装、使用和维护，避免设备对室外人员造成热污染。当采用隐蔽式空调机位时，应设置在合适的位置，避免占用卧室、堂屋等重要功能的室内空间。

太阳能热水系统、雨落管未考虑一体化设计，影响建筑风貌

雨落管、空调机位等与建筑一体化设计

太阳能热水系统一体化设计

空调室外机位用百叶遮蔽

不同组群院落按一定规律穿插变化，形成空间层次丰富的村庄轮廓

4.建筑组合

提倡单栋农房建筑通过多种户型的组合，形成进退有序的空间形态。多户拼接的农房（联排）户数宜控制在5户以内，并满足抗震、自然通风、采光、景观等要求，避免拼接户数过多、面宽过大。

可借鉴传统多进院落的组织方式，将功能不同的前院、后院、侧院进行组合，灵活使用开敞式、套院式、庭院式等组合方式，将院落的外部空间按照一定规律交织穿插设置，表现出有组织的变化，获得丰富多变的户外空间和不同方式的建筑组合景观效果。

多种户型合理拼接，形成进退有序的空间形态

避免单一户型拼接过长

根据场地条件灵活设置院落（前院、侧院、后院、前后院）

主房和辅房搭配，构成院落围合空间

五、院落围合

1.院落

结合院落场地条件和村民生产生活需求，灵活选择庭院形式，院落内部可灵活安排辅房、棚架、种植园地、停车等功能。

形式和位置符合当地村庄一般情况和村民生产、生活需要。一般较小的院落宜相对敞开，较大的院落可相对封闭。

2.围合

根据村民生活习惯合理选择围合形式，可采用篱笆、栅栏、院墙与辅房等一起形成院落围合。根据院落空间大小，合理确定院墙高度，院墙宜虚实得当，通过多种形式的镂空处理增加围墙的通透性，避免院墙、院门等过于封闭。

宜通过局部进退、错落形成丰富的农房建筑形体

农房建筑色彩应基于地方材料的本色，与周边建筑整体风貌协调

避免建筑形体过于整齐

围墙过高、过实

在村庄交通方便区域点状布局

结合街道带状布局

六、公共服务设施

1.布局

公共服务设施宜布置在村民方便使用的地方，可采取集中或分散布局模式。根据公共设施的配置规模，可结合公共活动场地，形成村庄公共活动中心；或沿村庄主要道路形成带状布局。

2.配置

村庄公共服务设施按"行政村—自然村"两级配置（配置标准详见附表）。行政村级公共服务设施服务整个行政村域，提供相对齐全的日常生活服务设施，需充分考虑农村居民出行能力、出行方式，合理确定服务半径。自然村公共服务设施主要服务所在居民点，提供基本的日常生活服务配套。

3. 建设要求

（1）规模适度

公共服务设施规模应适度，与服务人口规模相适应，并满足服务半径的相关要求。当公共服务设施规模较大时，可采用分散式、组团式布局，避免建筑体量过大。

规模适度、特色鲜明的村庄公共建筑

（2）功能复合

性质相近、联系密切的公共服务功能宜合并设置，实现空间的复合化利用。党群服务中心、卫生室、文化活动中心、综合中心、警务室等公共服务功能可合并设置，菜市场、生活用品超市、农资超市、快递点等生活服务功能可组合设置。

通过公共服务设施组群，将联系紧密的功能合并设置

避免建筑体量过大

设置文化展示、村民活动、图书阅览等多种功能，实现空间的复合利用

南京市高淳区固城街道马家垄村民活动室

常州市武进区菱塘回族乡回民村溪畔驿馆

阜宁县硕集、北沙幼儿园：适合儿童活动的场地

鼓励应用绿色建材和新型结构体系

（3）风貌协调

村庄公共建筑建设可采用乡土材料和工艺，通过现代简洁的表现手法，展现地域文化特色。

建筑风貌应与周边村庄整体环境相协调。

（4）技术创新

有条件情况下，鼓励运用乡土材料，挖掘借鉴当地传统工艺技法，结合建筑节能、预制装配式等新技术，提高公共服务设施建造品质。

七、公共空间

规划新建型村庄公共空间应重点关注村口空间、公共场地、标识小品等内容。

1.村口

村口空间营造应结合村庄特色产业、历史文化、特色民俗、特色产品等进行设计建造，应体现标识性、独特性，乡土自然、体量适度，体现地方特色。

村口建设应充分利用原地形上的既有要素，顺应自然、随形就势，避免过于夸张复杂，避免现代雕塑、大牌坊等形式。

特色鲜明的村口是村庄靓丽的风景

避免简单使用现代雕塑、牌坊等形式

以特色植物打造村口

依托公共建筑建造村口

结合景观建筑建设村口

根据村口空间标志物的类型可分为植物类村口、建筑物类村口、构筑物类村口。

（1）植物类村口

可利用村口的地形地貌和外观特征，通过一定规模的植物群组，形成色彩醒目、层次丰富的村口形象。

也可通过高大乔木孤植形成村口景观，所选乔木应特征明显且体量适宜，种于醒目位置易于辨识。

（2）建筑物类村口

结合村口环境条件，将建筑作为主体，打造与周边山、水、林、田、湖等自然环境要素相协调的村庄入口空间，突出入口形象，展现地方风情。建筑前场设置一定面积的集散空间。

（3）构筑物类村口

可利用自然资源，通过植物群组与景观小品组合，形成层次丰富的村口景观。

可从地方传统文化提取元素符号，用于村口构筑物的设计建设。通过形态、材料、色彩及空间布局等方面的变化，形成具有明显标识性的村口景观。

提炼当地建筑传统元素设计的景墙，充分展示当地的传统文化

结合村庄特有文化、产业，打造村口构筑物

2. 公共场地

公共场地的布置应结合村庄主要道路、居住组团、公共建筑及自然环境要素，做到主次分明、分布合理、重点突出、功能齐备。

公共场地的位置应醒目易找，交通便利，能够发挥最大效能；考虑安全性，不应设置在穿行通道上或交通交汇处。

（1）公共活动场地

应根据村庄整体布局，选择在方便村民使用的地方建设公共活动场地，场地尺度应与周边建筑相协调。

应巧妙利用原生植物和地形变化塑造宜人景观环境。避免场地功能单一，尺度过大，硬质化过多，舒适度不佳；避免机械采用几何图案式、整形灌木、树阵、喷水池、大广场等"城市化""布景化"建造手法。

通过场地塑造公共环境

场地功能紧扣村民生活需求

避免场地尺度过大，硬质化过多

避免过度建设喷水池

村庄公共活动场地可结合物质遗存、人文传说、特色产品等建设，彰显历史、人文、产业、自然等特色。

公共活动场地应紧扣村民生活需求，成为村民日常交流聚会、举办文体、民俗活动以及操办红白喜事的场所。

公共活动场地建设时应考虑到不同季节环境的影响，做到夏可遮阳、冬有日照。

结合村庄特有文化、产业，打造村口构筑物

公共活动场地与村庄文化相结合，营造空间特色

建设百姓大舞台，丰富村民文化生活

健身器材布置在草地上

铺装采用软性材料，保证场地安全性

（2）体育健身场地

体育健身场地选址应方便村民使用，可与公共活动场地结合布置，与住宅保持一定距离，并注意与周边交通的隔离。

场地铺装应采用软性材料，健身器材的安装应注意根据活动特征保持足够距离，保证场地的安全性。

体育健身场地与公共绿地相结合，成为村庄活力空间

3.水体驳岸

水体和驳岸建设包括水系连通、水体生态及驳岸自然三个方面。

（1）水系连通

应结合村庄整体布局，开展水系整理，尽量保留及利用现状水面，有条件的可通过加设管涵、开挖河道、调整河道走向等方式实现水系连通，减少死水河塘及断头河。

水系梳理时应符合村庄所在区域水文要求，不减少汇水面积，不影响泄洪防涝，不破坏自然环境，在满足河道稳定安全的前提下，塑造村庄特色景观。

（2）水体生态

应及时清理河道淤积杂物、沟通水系。保持水系贯通，河道沟渠无淤塞。

保护河道沟塘原有水生动植物，促进水系生态良性循环，保持河塘沟渠的自然生态修复功能。

村庄滨水景观效果

滨水建筑与水面映衬，形成丰富的乡村景观

水生植物对水体起净化作用

生态自然的水体岸线

实木桩护坡与水旁绿化相结合

亲水步道宜采用防腐木材质

（3）驳岸自然

应尽量采用生态自然驳岸形式，在满足行洪要求的前提下，避免使用连续硬质驳岸和陡坡。

必须使用硬质驳岸区域应优先采用生态材料，宜选择形式多样、生态透水的驳岸形式，不宜过长。不宜在水上架设过于突兀的水上步道。

可采用藤蔓植物下垂遮挡或在浅水处配植滨水植物起护坡和丰富岸线的作用。

4.标识小品

（1）小品

村庄小品应是村庄环境提升的点睛之笔，应精致小巧，放置于关键位置处。

村庄小品应便于实施、使用、维护，鼓励充分利用当地乡土材料。

避免数量过多影响村庄环境；避免体量过大，造型夸张；避免采用喷泉、假山、过于曲折的廊桥等；避免选择工艺粗糙的成品小品；避免乡土材料的过度使用。

结合空间功能，点缀小品

结合村庄文化，建设特色小品

结合村庄产业，设计村庄小品

避免过于曲折的廊桥

避免采用造型夸张的假山

利用青砖、木头等制成的标识牌，造价经济，又具有浓厚乡土气息

（2）标识

村庄标识应易于识别，指向明确，在方便使用的同时体现村庄特色和乡土风情。

（3）招牌

招牌应体现当地文化特色和乡土风情，与乡村自然风貌协调统一，色彩协调，简洁大方。

八、绿化景观

村庄绿化应品种乡土、布局自然、组合自由，尽量保留村庄原生植被，注重与村庄风貌相协调，通过植被、水体、建筑的组合搭配，形成季相分明、层次丰富的绿化景观。

新建村庄绿地率不宜小于30%，应结合建筑、道路、公共空间、水系整体布局绿化体系，充分考虑以绿化景观优化村庄各类界面的景观效果。

1.公共绿地

公共绿地是村民重要的活动场所，应充分利用自然生态资源，可结合公共建筑布置，也可单独布置。

绿化配置简洁实用，以乔木为主，灌木为辅，避免大草坪、模纹色块等城市绿化形式，提倡采用果树、乡土树种、农作物、爬藤植物、乡土花卉等，创造亲切的邻里氛围。

合理搭配乡土树种和花卉

公共绿化应品种乡土、布局自然、组合自由

大量草坪的运用，增加后期维护成本，城市化痕迹明显，不利于塑造乡土氛围

修剪整齐的灌木，既机械又单调

路旁绿化朴实、经济、自然，以乔木为主

使用观赏性较强、易于维护的树种

2.路旁绿化

村内路旁绿化应朴实、经济、自然，可以乔木为主、灌木为辅，也可种植果树、蔬菜等，营造多样的道路绿化景观。

有条件的村庄可以将植物配置与景观设计相结合，使用观赏性较强、易于维护的树种，打造主题式道路绿化景观。

乔木种植应注意与房屋及地下管网的安全距离，避免对地下管网及房屋基础造成破坏。

路旁绿化推荐品种一览表

植物类型	植物名称	适栽区
乔木	银杏、朴树、榆树、雪松、水杉、榉树、光叶榉、小叶榉、响叶杨、意杨、小叶杨、毛白杨、河柳、旱柳、垂柳、薄壳山核桃、枫杨、白玉兰、广玉兰、香樟、重阳木、黄连木、栾树、无患子、南京椴、喜树、白花泡桐、紫花泡桐、楸树、梓树、黄金书、糠椴、臭椿、枫香、杜仲、合欢、山合欢、洋槐、红花刺槐、槐树	全省
	杂种鹅掌楸、乌桕、梭罗树、毛红椿、深山含笑、阔瓣含笑、香樟、二球悬铃木、一球悬铃木、三球悬铃木、巨紫荆	苏南、苏中
灌木	冬青、大叶冬青、建始槭、色木槭、元宝槭、青桐、女贞、落叶女贞	全省
	海棠、杨梅	苏南、苏中

3.宅旁绿化

宅旁绿地应注重见缝插绿，以种植瓜果蔬菜为主，适当增加乡土景观植物，注重季相变化，打造四季景观。

通过色彩丰富形态多样的乡土树种搭配，结合自然地形条件创造出四季皆宜的优美绿化环境，营造出乡土特色浓郁的休憩场所。

植物种植应与建筑保持一定的距离，避免影响建筑采光或破坏房屋基础，还应关注当地风俗习惯，避免种植村民较为忌讳的绿化品种。

营造四季皆宜的优美绿化

城市化的围栏与乡村格格不入

宅旁绿化推荐品种一览表

植物类型	植物名称	适栽区
乔木	银杏、朴树、榆树、枫香、杜仲、栾树、无患子、青桐、白花泡桐、紫花泡桐、薄壳山核桃、杂种鹅掌楸、白玉兰、广玉兰、香椿、重阳灌木、合欢、洋槐、臭椿、黄连木、海桐、碧桃、垂直碧桃、樱花、紫荆、鸡爪槭、红枫、木槿、柿	全省
	香樟、喜树、乌桕、深山含笑、杜英、罗汉松、夏腊梅、木芙蓉	苏南、苏中
灌木	女贞、落叶女贞、冬青、大叶冬青、绣球、八仙花、榆叶梅、梅、杏、垂丝海棠、西府海棠、石楠、红叶李、李、火棘、月季、绣线菊、结香、杜鹃、连翘、野蔷薇、紫藤、葡萄、常春藤	全省
	阔叶十大功劳、枇杷、观叶石楠、山茶、丹桂、金桂、夹竹桃、栀子、凌霄花	苏南、苏中
草本	刚竹、粉绿竹	全省
	孝顺竹、凤尾竹、毛竹、阔叶箬竹	苏南、苏中

河道旁种植适生植物

水旁绿化推荐品种一览表

植物类型	植物名称	适栽区
乔木	千头柏、水杉、中山杉、意杨、垂柳、金丝垂柳、河柳、旱柳、杞柳、桑树、枫杨、赤杨、榉树、合欢、紫穗槐、无患子、山茱萸、红瑞木、重阳木、薄壳山核桃、榔榆、乌桕、木芙蓉、白蜡树	全省
	湿地松、日本柳杉、池杉、落羽杉、墨西哥落羽杉、江南杞木、银缕梅、楝木、喜树	苏南、苏中
灌木	探春花、女贞、法国冬青、金银木、水杨梅	全省
	洒金桃叶珊瑚、金钟花	苏南、苏中
草本	石菖蒲、金边石菖蒲、花菖蒲、黄菖蒲、垂盆草	全省
	猫爪草、金叶过路黄	苏南、苏中

4.水旁绿化

注重保护水旁原生植被，重视视线的开敞及绿地间通行空间的亲水性，采用自然生态的布局形式，注重亲水、挺水、沉水等植物搭配，形成以水为特色的滨水绿化景观。

村庄外围河道宜列植经济林木，树形应高大耸直，常绿与落叶树搭配种植，根据需要重要地段可少量搭配花灌木。

村庄内部河道宜采用自由的种植方式，重要区域应注重植物多样性，关注季相性变化。

5.庭院绿化

庭院可以与生产相结合，院子中可种植蔬菜、果树等农作物，在提供果实供人们食用的同时，也能形成农村特有的绿化景观。

庭院内还可以种植观赏类植物，增加观赏性的同时还有一定美好寓意。植物种植应尽量避免对建筑采光的影响。

多种乡土植物搭配的庭院

庭院可布置休憩空间

庭院种植爬藤植物

6.田园风光

村庄应与田园、林地相互融合，结合农业产业布局和特色产业发展，营造"村田相映"的空间景观。

村旁田园风光

九、基础设施

规划新建型村庄基础设施应按"先地下后地上"原则高标准建设。结合道路建设统筹安排各类基础设施，综合布局各类管线。

村庄道路随坡就势，形态自然

横平竖直的道路系统，失去乡村道路特征

1.道路与停车

（1）道路布局

村庄道路布局应顺应山水格局、地貌地形及形态肌理，有效串联周边山林、农田、溪流等自然要素，与村庄形态、周边环境有机融合。

村庄道路应经济适用、简单有效，不宜生硬地设置外环路及机械的方格网，避免简单使用中轴线、几何图形等城市小区的道路布局方式；不宜设置过长的直线道路，避免行车速度较快引发交通事故，威胁村庄行人安全。

（2）宽度及断面

村庄道路的断面宜根据规模合理确定，一般可分为主要道路、次要道路、宅间道路，不同等级道路应主导满足不同通行功能。村庄主要道路应以机动车通行功能为主，并兼具有非机动车交通、人行功能，一般为单幅双车道形式，宽度宜为5~7米。

村庄次要道路应以非机动车交通、人行功能为主，同时也能满足机动车通行，一般为单幅单车道形式，宽度宜为4~5米；宅间道路应以人行功能为主，宽度宜为2.5~3米。

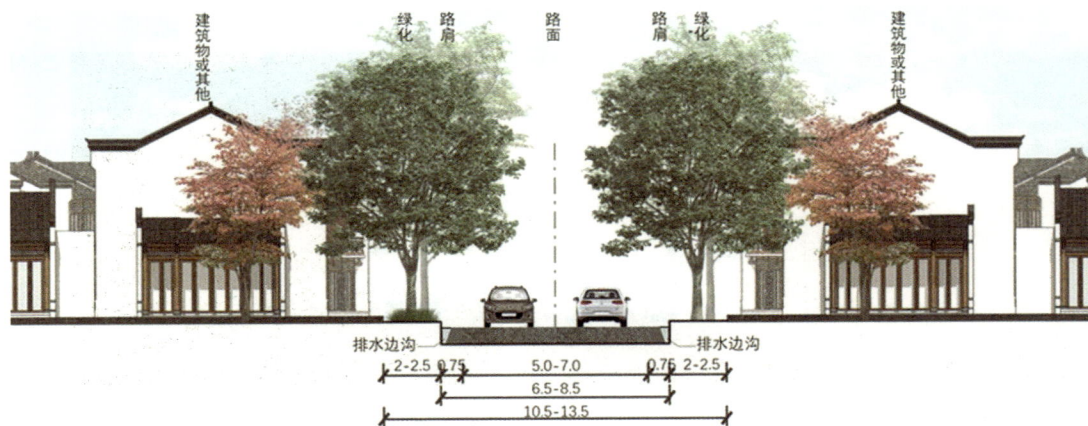

主要道路断面

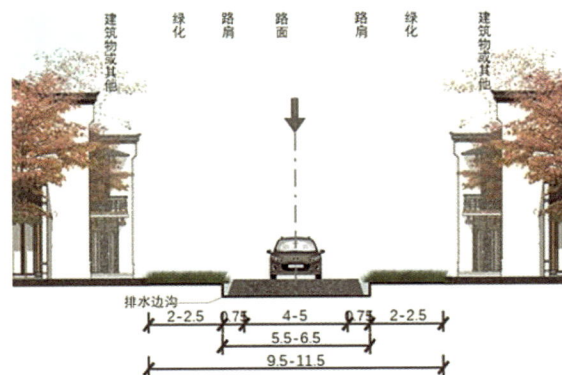

次要道路断面

宅间道路断面

沥青路面　　　　　　　　　　　　石板路面

照明设施样式示意图

（3）路面铺装

村庄车行道路应采用水泥、沥青等硬质材料铺装，非机动车通行道路宜优先考虑乡土、生态型天然材料，如卵石、石板、沙石、碎石等。

（4）附属设施

路灯、安全设施应配备齐全，保障村民出行安全。

村庄主次道路和公共活动场地应合理设置路灯照明，光源采用节能灯或太阳能灯具，灯具形式应与周边环境相协调。

路灯宜按20~30米照明半径单侧沿道路架设，主要道路、次要道路、宅间道路应选用不同高度的路灯。

在村庄道路长下坡前、连续弯道前后路段、宽度变化路段设置车速控制设施，如减速带、标识牌等，保证行车及村内步行安全。

（5）停车场地

应充分利用村庄闲置空间，采用集中与分散相结合的方式布局停车场地。集中停车场宜充分考虑村民交通出行路线，结合村庄入口和主要道路，设置在村庄外围交通便捷之处。

在不影响道路通行的情况下，可通过优化村庄交通标线、划定禁停格、安装禁停标志牌等措施，在主要通车道路单侧划定路边停车位。

发展旅游、有农业机械停放需求的村庄宜设置大型运输车辆、农机器械停车场。

集中停车场宜采用透水铺装等生态方式进行建设，并预留充电桩。鼓励集中停车场"一场多用"，停车场可兼做农作物晾晒、集市、文体活动场地等。

路边划定停车位

采用植草砖铺设的停车场

农机集中停放场所

有条件的村庄可适当配备充电桩停车位

村庄给水管网布局图

2.村庄供水

（1）供水模式

村庄供水应与区域给水管网同源、同网、同质、同服务，无法接入区域供水管网的村庄可根据水源特性，应优先设置集中式净水设施，集中为村庄进行供水。

（2）供水要求

村庄供水水量可按最高日100~150升/人·日进行计算。村庄供水水压应满足用户接入点最小服务水头的要求，单层建筑可按照10米计算，二层为12米，二层以上建筑每增加一层，水头应增加4米。

村庄供水水质应符合现行国家标准《生活饮用水卫生标准》GB 5749的有关规定。

（3）管网布局

村庄给水管网布局应主次分明，主管网宜布置成环状，无条件的可布置成枝状，同时应考虑连成环状管网的可能。

村庄给水干管管径不宜小于DN100，给水管材可选用球磨铸铁管或PE塑料管。

3.雨水排放

（1）排水体制

应采用雨污分流制。

（2）雨水排放方式

优先利用自然坑塘、沟渠组织雨水排放，辅助设置雨水管排放雨水。可结合景观节点或绿地广场，设置下凹式绿地、生态滞留池，降雨时储存、滞留雨水，晴天可对雨水资源化利用。

（3）雨水管道、沟渠

沿道路敷设雨水沟渠、管道，尺寸应根据各地降雨量确定。一般沟渠底部宽度不宜小于150毫米，深度不宜小于120毫米，雨水管道管径不宜小于DN300。

利用沟渠组织雨水排放

石头砌筑的雨水沟渠

生态植草沟

图例

▬▬ 规划雨水管
DN400 管径标注
▭▭▭ 规划范围界线

村庄雨水管渠布局图

村庄新建污水收集、处理系统示意图

污水处理设施的景观美化

4.污水治理

（1）处理模式

邻近城镇或具备接管条件的村庄，应优先纳入城镇污水系统统一处理；无接管条件的村庄应优先选用相对集中处理模式，设置小型污水处理设施集中或分片对村庄生活污水进行处理。

（2）污水收集系统

村庄生活污水应收尽收，冲厕污水、洗浴污水、厨房污水和其他洗涤污水均应接入污水管网。冲厕污水须经化粪池预处理后接入污水管道。

应考虑村庄布局、道路走向、地形地貌，充分利用自然高差，按管线距离短、埋设深度小等原则，沿道路或平行房屋敷设污水管道，避免管道穿越河道、铁路、主要公路等现状设施。

污水管材可选用HDPE双壁缠绕管，污水检查井提倡使用塑料材质的优质成品检查井，以保证管道建设质量，缩短施工周期。

（3）设施选址

污水处理设施选址应综合考虑建筑布局、风向等要素，布置在村庄下风向、水系下游处，并与周边风貌、环境相协调，可通过景观、艺术设计等方式进行装饰美化。

（4）处理工艺

污水处理工艺应综合村庄所在地区环境、村庄经济基础等要求，因地制宜选择。尾水排放应根据收纳水体功能要求，满足《农村生活污水处理设施水污染物排放标准》DB 32/3462的规定。

相对集中处理模式的处理工艺可有针对性选择生物处理技术、生态处理技术或生物生态组合技术。生物处理技术可采用A/O生物接触氧化技术、生物接触氧化技术等；生态处理技术可采用有机填料型人工湿地、组合型人工湿地等；生物生态组合技术可采用脉冲生物滤池技术、生物滴滤池技术等。

（5）污水资源化利用

村庄生活污水经处理后宜考虑尾水利用，用于农田灌溉的，应符合《农田灌溉水质标准》GB 5084的规定；用于景观补水的，应符合《城市污水再生利用–景观环境用水水质》GB/T 18921的规定。

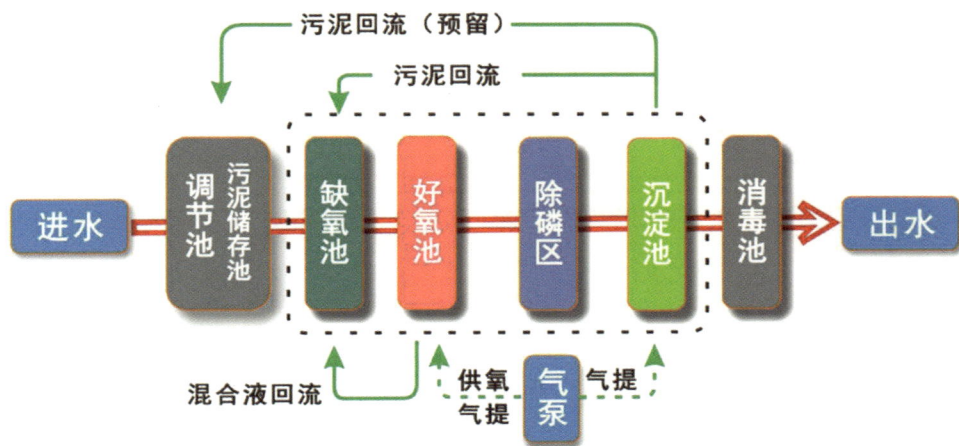

A/O生物接触氧化技术工艺流程图

A/O生物接触氧化技术应用实例

相对集中处理模式村庄污水处理工艺表

	推荐技术	适用范围
生物处理技术	A/O生物接触氧化技术	适用于河网区、平原或地形较为平坦的村庄，也适用于山区等地势起伏较大的村庄，处理规模为1~500立方米/日
	生物接触氧化技术	适用于相对较集中、处理规模宜为10~250立方米/日的村庄
生态处理技术	有机填料型人工湿地	适用于居住相对集中、水环境容量大、对出水水质要求不高、村庄经济基础相对较弱的村庄
	组合型人工湿地	适用于20户以上（水量10立方米/日以上）的村庄
	土壤渗流技术	适用于平原、丘陵地区的居住相对集中的村庄，处理规模宜为10~500立方米/日
生物生态处理技术	脉冲生物滤池技术	适用于河网区、平原区或地形较为平坦的村庄，住户相对集中，户数从十几户至数百户，处理规模为5~100立方米/日
	生物滴滤池技术	适用于地形较为平坦、土地资源较为紧张、无条件配备专业管护人员的村庄，处理规模不小于5立方米/日

分类垃圾收集点设置示例

可回收物投放点

5. 垃圾处理

（1）收运体系

按"组保洁、村收集、镇转运、县（市）处理"方式组织生活垃圾收运，建立"有制度、有标准、有队伍、有经费、有督查"的村庄环境卫生长效管护机制。

（2）分类减量

积极开展农村生活垃圾分类，采用村民弄得懂、易操作、可接受的分类方法，推动生活垃圾源头分类减量，可将生活垃圾分为易腐垃圾、有毒有害垃圾、可回收物和其他垃圾四类。

易腐垃圾实施就地生态处理，有毒有害垃圾按相关规定统一收运处理，可回收物由废旧物资回收站或资源回收企业处理，其他垃圾进入城乡统筹生活垃圾收运处理体系，由城市垃圾终端处理设施进行无害化处理。

（3）设施配置

根据村庄规模和形态，合理配备垃圾收运设施，生活垃圾日产日清，无暴露垃圾和积存垃圾，结合村庄公共空间配置分类垃圾收集点。

易腐垃圾处理终端可采用一村一建或者多村合建的方式，选择适合当地的处理工艺，如阳光堆肥房、厌氧发酵、一体化处理机等，将易腐烂垃圾实施就地生态处理。

6. 公共厕所

根据村庄规模和形态合理布局公共厕所，宜设置1~2座，公共厕所应至少达到三类水冲式建设标准。

公共厕所可结合村庄公共建筑和公共绿地布局，并适当采用绿化植被遮挡，降低对周边环境影响。公共厕所应干净整洁、经济节约，避免求大、求洋，外观应与村庄整体风貌协调。

公厕与村庄风貌相协调

7. 全龄友好设施

结合村庄实际，在农房、公共建筑、道路、环境等建设过程中，增设适老设施、无障碍设施、文化休闲设施、体育健身设施等内容，给村民提供有品质、有温度的乡村空间和公共服务设施，推动形成孩童快乐成长、老人健康舒心、特殊人群平等便利、青年乐业安居、全民共享融合的乡村图景。

无障碍设施

儿童友好型设施

8. 其他基础设施

高标准建设电力、通信、燃气、消防等其他基础设施。

（1）供电

村庄10kV配电设施应优先选用箱式变压器或配电室，变压器应按"小容量、多布点、近用户"原则进行布点，低压线路的供电范围不宜超过250米，变压器周边应设置适当宽度的安全防护绿带。

村庄电力线宜沿村庄道路或平行建筑埋地敷设。

（2）通信

结合公建设置邮政代办点、通信机房、智能快递柜及电商服务网点。有条件、有需求的村庄可推动5G网络覆盖建设。

村庄通信线宜沿村庄道路或平行建筑埋地敷设，主要道路通信线路管孔数为4~6孔，次要道路及宅间路为2~4孔。

箱式变压器示意图

（3）燃气

具备引入管道天然气的村庄应接入燃气管道，不具备引入条件的村庄可使用罐装液化石油气，并结合村庄道路建设同步敷设燃气管道，预留燃气接口。

燃气管道应优先沿道路或平行建筑埋地敷设，主要道路燃气管管径为DN50~100，次要道路及宅间路为DN32~50。

（4）消防

根据《农村防火规范》GB 50039，考虑村庄规模、区域条件、经济发展状况及火灾危险性等因素设置消防站和消防点。消防点可结合村庄公共建筑设置，利用给水管道或天然水体为消防水源。

（5）避难疏散

应结合广场、绿地、停车场等空旷场地设置临时紧急疏散场所，主要道路应作为避难疏散通道，并与村庄外围道路相连。

9. 管线综合

有条件的村庄，在各类管线建设时可采用微型管廊、缆线管廊或小型管沟的形式进行管线综合，集约管线空间。

农村义务消防队

微型管廊示意图

集聚提升型村庄

　　集聚提升型村庄，是指现有规模较大、发展条件较好的重点村和其他仍将存续的规划发展村庄，是乡村振兴的重点。在实施过程中应有序推进改造提升，优化环境、完善配套、增添活力。

一、空间利用

梳理村庄内部闲置用地及闲置用房，开展公共空间治理，挖掘用地潜力，既可用于村庄绿化和公共场地建设，也可用于插建村庄公共服务设施和村民住房。

泰州市姜堰区溱潼镇湖南村：将村内闲置宅基地改造为村民活动大舞台

兴化市陈堡镇唐庄村：拆除废弃空关房，建设农耕博物馆

1. 梳理闲置空间

村庄闲置空间包括村内边角空闲地、闲置宅基地等闲置用地，以及破败空心房、废弃住宅以及废弃学校、厂房、库房等闲置用房。通过拆除严重影响村容村貌的违章建筑物、构筑物及其他设施等也可挖掘存量建设用地空间。

昆山市张浦镇金华村：废弃空关房改造为生活超市

2.打造公共空间

结合村庄建设需求，充分利用村庄闲置用地和闲置用房，营造富有乡村特色的公共活动场地、公共建筑、公共绿地、体育健身场地等公共空间。

积极利用林下空间、水岸空间，鼓励用地的复合利用。

无锡市惠山区阳山镇朱村：利用林下空间建设儿童活动场地

昆山市锦溪镇祝家甸村：将废弃小学改造为日间照料中心

昆山市锦溪镇计家墩：村民服务中心改造前后对比

3. 合理插建农房

利用村庄空闲地，结合地块条件和村民需求，合理插建农房。

插建农房的体量、高度应与周边建筑相当，建筑风貌应与村庄整体相协调。

插建农房与村庄整体风貌相协调

插建农房与周边建筑相协调

插建农房不应"贪大求洋"

二、农房建设

1.改造农房

（1）建筑安全整治

在改造之前，需要对农房进行详细踏勘、调查，重点关注建筑结构检查，确定开裂、破损等强度不符合安全要求的部位，并进行相应修缮、加固等处理。

（2）内部功能优化

农房改造中各功能空间应分区明确、布局紧凑，实现寝居分离、食寝分离和净污分离。当院内设有辅房时，可根据辅房的面积、朝向等条件，因地制宜地设置餐厨、储藏、农机具停放等多种功能。避免在院落、露台等位置搭建房间，或将原有开敞空间完全封闭。避免改造后的农房影响周围住户的采光、通风和出行。

改造前

改造后

对功能不满足使用要求的农房，可进行内部空间重组和房间功能改造

兼顾大灶厨房和现代厨房两种方式

主要卧室布置在南向，考虑安静和私密性要求

卫生间布置做到干湿分离、洗厕分开

堂屋与院落连通，通风、采光良好

（3）室内采光与通风

农房改造中宜将主要功能空间南向布置，卫生间、厨房应自然通风，采光通风条件较差的房间，可通过增加窗洞面积、拆除遮挡构筑物、更换门窗、增设天窗或采光井等方式进行改善。

（4）建筑设备改造

根据使用需求，对厨房、厕所等辅助功能空间进行适度改造，引入上下水，增设燃气、电气和卫生设施，鼓励采用太阳能热水系统。生活污水不得直接排入院落、农田或水体，应接入村庄污水处理系统或采取户用污水处理装置。

（5）建筑风貌改造

对于清水砖墙、石墙、夯土墙、水刷石墙等体现传统工艺和技法的农房，宜采用原有材料和工艺进行修复整治，保护建筑的年代记忆。

与村庄整体风貌不相协调的农房，宜通过建筑装饰、构件改造和色彩调整等手法进行外观整治，装饰材料应耐久牢固，装饰手法不宜夸张繁杂。

对于不影响村庄整体风貌的其他农房，可采用清洗、修补的措施。

农房改造应尽可能保留原有材料和工艺特色，保护建筑的年代记忆

建筑装饰应遵从文化习俗，并与整体建筑风格相协调

避免简单涂饰

避免大面积使用饰面砖、过度装饰

（6）建筑节能改造

有条件的情况下，可通过增设外墙外保温、屋面保温系统，提高农房建筑的保温性能；外墙宜采用浅色饰面材料；屋面可采用阁楼层、隔热通风屋面提高建筑热工性能。

农房改造中可充分利用太阳能等可再生能源，优先考虑增设太阳能热水系统。太阳能集热器可放置在日照充足的平屋面或南向坡屋面上，应规范安装，注意减少设备对建筑风貌的影响。

有条件的情况下可增设外墙外保温系统

优先考虑增设太阳能热水系统，注意减少设备对农房建筑风貌的影响

2. 新建农房

（1）建筑功能

新建农房的建筑功能设计应充分考虑村民的日常需求，尊重当地生活习惯。

堂屋应宽敞明亮，空间完整，有足够的活动面积和家具布置空间；卧室宜南向布置；厨房应直接采光、自然通风，并宜靠近后院布置；餐厅宜靠近厨房，与堂屋相连。

新建农房设置阳台或露台时，要合理采用排水、防水措施。

新建农房的建筑功能设计应充分考虑村民的日常需求

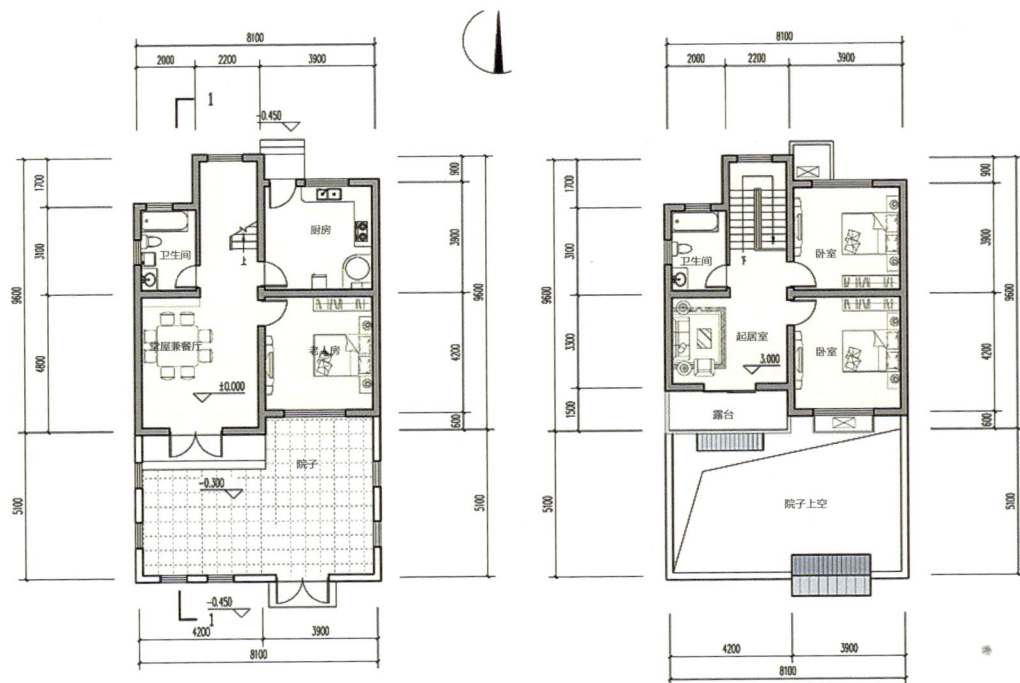

典型户型平面图

通过局部进退和多种户型拼合，塑造层次丰富的形体关系

建筑色彩应与村庄整体风貌相协调，避免色彩突兀、反差过大

（2）建筑体量

新建农房的建筑高度和体量应与村庄自然景观、原有建筑相协调。根据村庄实际情况和村民日常生活习惯，合理确定农房建筑层数和面积，避免盲目贪大。

（3）建筑风貌

鼓励在地区特色风貌的基础上进行创新性表达，塑造具有时代感的乡村风貌。

◆ 形体

建筑形体宜相对规整，避免建筑构件和形体凹凸复杂，形象突兀。

◆ 色彩

建筑色彩宜朴素淡雅，与周边建筑整体风貌相协调，避免色彩突兀、反差过大、浓艳粗俗、格调低下。

◆ 屋顶

屋顶形式宜遵循地域气候特征、民族习惯和传统文化，可通过适度的屋顶组合，形成高低错落的立面形象。避免大量采用欧式四坡顶等与乡村风貌不协调的屋顶形式。

◆ 墙体

墙体可通过色彩、线条、材料、质感的变化，形成地域风貌特色。

◆ 门窗

门窗形式宜简洁质朴，色彩样式宜与周边建筑相协调。同一建筑的门窗尺寸、色彩、形式、材料和开启方式宜尽量统一。

宜通过高低错落的屋顶组合，以及墙体色彩、材料、质感的变化，形成丰富的建筑立面形象

农房的门窗形式宜简洁淳朴

农房应提高维护结构的保温、隔热性能

结合遮阳板、百叶设置外遮阳

太阳能光伏、光热一体化技术

空调室外机位、雨落管等与建筑一体化设计

（4）建筑节能

新建农房要提高围护结构的保温、隔热性能，尽可能利用自然阳光满足照明、冬季采暖的目的。宜结合遮阳棚、百叶、绿植等合理设置农房外遮阳，降低夏季室内温度，减少空调设备能耗。

新建农房要充分利用太阳能等可再生能源，优先采用太阳能热水系统，在屋面、露台等位置合理设置并规范安装太阳能集热器。

（5）一体化设计

农房的附属设施宜作为建筑要素统一考虑，将空调室外机位、太阳能集热器、雨落管等与建筑进行一体化设计。

空调室外机位的设置可采用多种形式，方便设备的安装、使用和维护，避免设备对室外人员形成热污染。

三、院落围合

1.院落

可根据场地条件及村民的生产生活需求，灵活确定院落形式，合理安排凉台、棚架、储藏、蔬果种植等功能，创造自然、适宜的院落空间。

较小的院落宜相对敞开，较大的院落可相对封闭。

当院落内设置生产性、经营性附属用房时，宜采取措施减少其对周边村民生活的影响。

根据实际使用需求合理配置生产生活附属用房

院落空间应兼顾满足生产生活需求和景观塑造

院墙应虚实得当，可进行多种形式的镂空处理

院墙避免与村庄风貌和建筑环境不相协调

2.围合

宜根据村民生活习惯合理选择围合形式，可采用篱笆、栅栏、院墙与辅房等一起形成院落围合。

院墙宜虚实得当，通过多种形式的镂空处理增加围墙的通透性，避免过于封闭。

3.铺装

院落铺装宜与庭院绿化相结合，避免对地面进行过度硬化。

铺装材质宜就地取材，鼓励使用石板、青砖、卵石等地方乡土材料，提倡使用渗水型材料和生态建造手法。

院落铺装软硬结合，材质多样

避免院落铺装过度硬化

村口宜造型简约，使用多样化的乡土材料，突出乡土特色

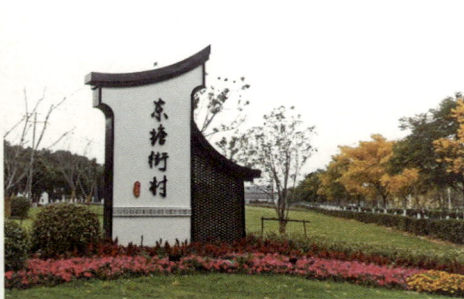

尊重现状、与周边环境相融合

应避免使用体量过大、造型夸张的现代雕塑、牌坊

四、公共空间

集聚提升型村庄公共空间建设需重点关注村口空间、公共场地、标识小品的特色塑造。

1.村口

村口建设要充分利用场地自然条件和村庄既有资源，做到经济实用，尺度宜人。

避免过于夸张复杂，避免使用现代雕塑、大牌坊等形式。

根据村口空间标志物的类型可分为植物类村口、建筑物类村口、构筑物类村口。

（1）植物类村口

在多样化的自然生态基础上，可种植色彩明快的高大乔木，如银杏、枫树等作为村口标志。

也可结合原有地形地貌和植物，配合一定体量的特色景观小品，形成特色分明、层次丰富的生态景观型村口形象。

绿树掩映的村口

乡土花卉搭配木质构架，形成村庄的天然指示牌

高大树木与休息亭、标牌搭配形成村口景观

公共建筑、商业建筑作为村口，既有标识性，又方便使用

利用土、木、砖等材料建造构筑物村口

造型简洁的村口标识

一段景墙，形成村口标识

（2）建筑物类村口

可依托村口建筑，结合周边山、水、田、林等环境要素形成村庄入口空间，建筑前广场可结合实际设置集散空间。

村口要与村庄环境相融合，充分展现地方风情。

（3）构筑物类村口

依据村口现有条件，结合地方传统文化所提取的元素符号，通过植物组团与景观小品的有机搭配，打造体现地方特色的村口景观。

可通过形态、材料、色彩及空间布局等方面的变化，形成具有明显村庄标识性的村口景观。

2.公共场地

（1）公共活动场地

公共活动场地是村民日常活动交流或举行传统活动的重要场所，选址时需根据村庄形态，选择在方便村民使用的地方，优先利用村内闲置场地建设公共活动场地。

场地建设应舒适宜人，原有的一草一木或有保留价值的构筑物均可用来打造场地。

避免场地功能单一，尺度过大，硬质化过多，舒适度不佳；避免机械采用几何图案式、整形灌木、树阵、喷水池、大广场等"城市化""布景化"建造手法。

大树成荫的活动场地最受村民欢迎

公共场地为村民提供文体活动场所

通过建筑物、构筑物、自然地物围合成公共空间

避免采用草坪、树阵广场

避免建设喷水池

颜色和材质不适宜的村庄广场

（2）体育健身场地

体育健身场地选址应方便村民使用，可与公共活动场地结合布置，与住宅保持一定距离，注意与周边交通的隔离。

场地铺装应采用软性材料，健身器材的安装应注意根据活动特征保持足够距离，保证场地的安全性。

结合公共活动场地设置体育健身设施

3.水体驳岸

村庄可清理水体、疏通水系、绿化水岸，改善村庄水体环境，塑造自然生态、乡土气息浓郁的滨水空间。

（1）水体生态

村庄水系的整理应因形就势，尽可能不填河塘，不开挖大面积水面，避免过多的人工造景，应适时清理河道淤积，打通断头浜。

保护河道沟塘原有水生动植物，促进水系生态良性循环，保持河塘沟渠的自然生态修复功能。

受污染的塘泥不能直接用于河道护坡或直接堆放在水边，避免因雨水冲刷等原因流入水体，影响水质。

直接开挖沟通断头浜

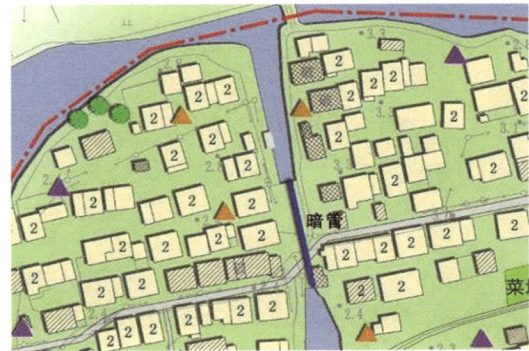

通过暗管沟通断头浜

原水面大量垃圾影响水质，及时清理水面垃圾保证水体清洁，改善水质

水面绿化和水岸绿化相结合，形成层次丰富的绿化景观

自然草坡驳岸

现状硬质驳岸可以采用悬垂植物遮挡软化

充满野趣的生态驳岸

硬化后的岸线突兀不自然

（2）驳岸自然

过多使用浆砌块石驳岸或混凝土驳岸，既不生态，又不经济，且视觉观感生硬。对有行洪、航运需求的河道等，确需采用硬质驳岸的，其堤岸的横截面不宜强求统一，不要拘泥于左右对称，更不宜连续、长段采用同一形式的硬质驳岸。

必须使用硬质驳岸的区域应优先采用生态材料，碎石或其他透水材料堆砌的驳岸，其空隙能使水体与堤岸土壤生态接触，利于水体净化；缝隙间又可生长植物，丰富水岸景观。不宜在水上架设过于突兀的水上步道。

4.标识小品

（1）小品

村庄小品是村庄环境提升的点睛之笔，应精致小巧，放置于关键位置处。

村庄小品建设应便于实施、使用、维护，鼓励充分利用当地乡土材料。

避免数量过多影响村庄环境；避免体量过大，造型夸张；避免采用喷泉、假山、过于曲折的廊桥等；避免选择工艺粗糙的成品小品；避免乡土材料的过度使用。

采用当地材料设计建造小品

小品尺度适宜，与周边环境相融合

（2）标识

村庄标识需设置于醒目位置，指向明确，造型需体现村庄特色和乡土风情。

村庄标识牌需清晰明确，满足近观需要；导向标识的指示牌应明确无歧义，需放置在醒目恰当的位置；同类标识宜风格一致。

乡土朴素的标识牌

乡土朴素的标识牌

五、绿化景观

村庄绿化应体现经济性与乡土特色。春季的油菜、桃、梨等，夏季的向日葵、丝瓜、南瓜、扁豆等，秋季的柿、杏、李、枣等，都是季相鲜明、乡土气息浓郁的适生作物和植物，既方便养护，又能产生经济效益。

1.公共绿地

公共绿地应考虑村民活动需要，多种植高大乔木及村民喜欢的果树、农作物及乡土花卉等，不宜种植模纹色块及城市化灌木，草坪面积不宜过大。

利用村庄原有绿化，结合多样化的乡土铺装，形成特色化乡土空间

大树、花灌木等与休憩空间结合

避免序列灌木、大草坪等城市绿化形式

2.路旁绿化

路旁绿化应品种乡土、布置自由、形式多样，体现村庄特色，避免僵化的行列式种植。多用乔木、少用灌木，提倡使用农作物、乡土花卉作为路旁绿化。

利用乡土植物，搭配篱笆、栅栏等，增加路旁绿化特色

果树、灌木、菜地、藤蔓植物，形成了生态、自然的路旁绿化

主要道路绿化采用乔木列植方式开展道路绿化

路旁绿化推荐品种一览表

植物类型	植物名称	适栽区
乔木	银杏、朴树、榆树、雪松、水杉、榉树、光叶榉、小叶榉、响叶杨、意杨、小叶杨、毛白杨、河柳、旱柳、垂柳、薄壳山核桃、枫杨、白玉兰、广玉兰、香樟、重阳木、黄连木、栾树、无患子、南京椴、喜树、白花泡桐、紫花泡桐、楸树、梓树、黄金书、糠椴、臭椿、枫香、杜仲、合欢、山合欢、洋槐、红花刺槐、槐树	全省
	杂种鹅掌楸、乌桕、梭罗树、毛红椿、深山含笑、阔瓣含笑、香樟、二球悬铃木、一球悬铃木、三球悬铃木、巨紫荆	苏南、苏中
灌木	冬青、大叶冬青、建始槭、色木槭、元宝槭、青桐、女贞、落叶女贞	全省
	海棠、杨梅	苏南、苏中

3.宅旁绿化

宅旁绿化应充分利用空闲地和不宜建设的地段，灵活布置菜地、果树、攀爬作物或植物，做到见缝插绿。

植物种植应与建筑保持一定的距离，避免影响建筑采光或破坏房屋基础，还应关注当地风俗习惯，避免种植村民较为忌讳的绿化品种。

宅旁绿化推荐品种一览表

植物类型	植物名称	适栽区
乔木	银杏、朴树、榆树、枫香、杜仲、栾树、无患子、青桐、白花泡桐、紫花泡桐、薄壳山核桃、杂种鹅掌楸、白玉兰、广玉兰、香椿、重阳灌木、合欢、洋槐、臭椿、黄连木、海桐、碧桃、垂直碧桃、樱花、紫荆、鸡爪槭、红枫、木槿、柿	全省
	香樟、喜树、乌桕、深山含笑、杜英、罗汉松、夏腊梅、木芙蓉	苏南、苏中
灌木	女贞、落叶女贞、冬青、大叶冬青、绣球、八仙花、榆叶梅、梅、杏、垂丝海棠、西府海棠、石楠、红叶李、李、火棘、月季、绣线菊、结香、杜鹃、连翘、野蔷薇、紫藤、葡萄、常春藤	全省
	阔叶十大功劳、枇杷、观叶石楠、山茶、丹桂、金桂、夹竹桃、栀子、凌霄花	苏南、苏中
草本	刚竹、粉绿竹	全省
	孝顺竹、凤尾竹、毛竹、阔叶箬竹	苏南、苏中

充分利用村庄空闲地，种植瓜果蔬菜

多层次的水岸绿化，增加滨水空间乡土特色

选用多层次水生植物

4. 水旁绿化

水旁绿化应自然生态，对现状原生态植被可适当进行清杂除乱，但应注重保护现有乔木，不可乱砍滥伐。

绿化品种应亲水适生，在重要滨水段可以适当补种亲水花卉或水生植物，美化滨水景观。

根据不同驳岸坡度选择不同水生植物

水旁绿化推荐品种一览表

植物类型	植物名称	适栽区
乔木	千头柏、水杉、中山杉、意杨、垂柳、金丝垂柳、河柳、旱柳、杞柳、桑树、枫杨、赤杨、榉树、合欢、紫穗槐、无患子、山茱萸、红瑞木、重阳木、薄壳山核桃、榔榆、乌桕、木芙蓉、白蜡树	全省
	湿地松、日本柳杉、池杉、落羽杉、墨西哥落羽杉、江南杞木、银缕梅、楝木、喜树	苏南、苏中
灌木	探春花、女贞、法国冬青、金银木、水杨梅	全省
	洒金桃叶珊瑚、金钟花	苏南、苏中
草本	石菖蒲、金边石菖蒲、花菖蒲、黄菖蒲、垂盆草	全省
	猫爪草、金叶过路黄	苏南、苏中

5.庭院绿化

庭院是村民生活的主要场所之一，可种植瓜果蔬菜、果树等农作物与生产紧密结合。

庭院内也可结合当地风俗种植观赏类植物，避免村民忌讳或易引起过敏品种的使用，注意保证院内足够的采光。

6.田园风光

村庄与田园、林地相互融合，结合农业产业布局与特色产业发展，营造"村田相映"的空间景观。

种满果树的庭院

庭院种植爬藤植物

多种乡土植物搭配的庭院

庭院绿化与周边环境相协调

营造"村田相映"的空间景观

六、公共服务设施

1. 配置要点

村庄公共服务设施按"行政村—自然村"两级配置（配置标准详见附表）。行政村级公共服务设施服务整个行政村域，提供相对齐全的日常生活服务设施，需充分考虑农民出行能力、出行方式，合理确定服务半径。自然村公共服务设施主要服务所在居民点，提供基本的日常生活服务配套。

根据不同村庄的经济水平、资源禀赋、历史文化等因素，结合实际需求，可灵活增加其他类别的公共服务功能，如村民议事堂、电商服务点、农产品展销厅等。

2. 建设要求

（1）经济适用

公共服务设施应规模适度，与服务人口规模相适应，并满足服务半径的相关要求，建筑层数和高度应宜周边建筑相协调。根据村庄的实际情况，选取经济适用的建筑形式，避免贪大求洋。

体量适宜村民服务中心

体量过大　　　　　　　　　　贪大求洋

（2）功能复合

性质相近、联系密切的公共服务功能宜合并设置，实现空间的复合化利用。党群服务中心、卫生室、文化活动中心、综合中心、警务室等公共服务功能可合并设置，菜市场、生活用品超市、农资超市、快递点等生活服务功能可组合设置。

功能复合的服务中心

（3）鼓励改造

在确保使用安全的前提下，鼓励将村庄内部闲置的厂房、仓库、小学等改造成为村庄公共服务建筑，通过结构和功能的更新，赋予新的功能和用途。

闲置建筑改造成为村庄服务中心

（4）风貌协调

公共服务设施整体风貌宜体现乡土特色，展现地域文化。

可提取运用传统建筑及文化要素，采用乡土材料和工艺进行创新性表达。宜选取朴素、淡雅的建筑色彩，与周边自然环境和村庄风貌相协调。

村民服务中心风貌与村庄整体环境

提取运用传统形体要素，延续保持村庄整体风貌特征

七、基础设施

完善村庄基础设施，改善村民人居环境、提升生活品质、方便生活生产。结合村庄道路新、改（扩）建，优化道路系统，统筹污水、电力、通信、燃气等管网布局，一次开挖，全面改造，满足村庄各类设施改造提升需求。

1.道路与停车

（1）道路布局

根据村庄需求适当增补或改造道路，畅通进村路，打通断头路，修补破损路，满足村民生活及生产需要。

村内道路应经济适用、简单有效，道路线型顺应地形地貌、形态肌理，有效串联周边山林、农田、溪流等自然要素，与村庄周边自然环境有机融合，形成较好的景观效果。道路改造应做到不推山、不填塘、不砍树。

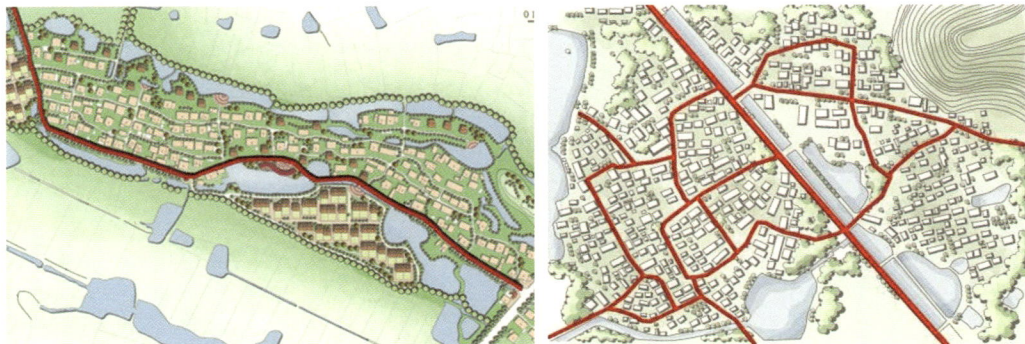

村庄道路建设随弯就势，线形流畅自然

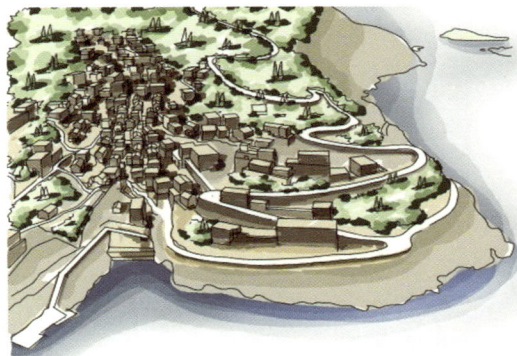

顺应地形地貌的道路线形布局

宽度适宜、宽窄有序的村庄道路

（2）宽度及断面

村庄道路的断面宜根据规模合理确定，一般可分为主要道路、次要道路、宅间道路，不同等级道路应主导满足不同通行功能。道路断面应简单适宜，满足通行要求即可。改（扩）建的主要道路宜采用单幅双车道形式，宽度宜为5~7米，次要道路以单幅单车道为主，宽度宜为3~5米，宅间道路宽度宜为2.5~3米。规模过大（3000人以上）的村庄主要通车道路可适当拓宽到8~9米。

村庄道路断面选择应根据道路两侧建筑的使用功能灵活布置。如道路两侧是商店，则可适当加宽步行空间，如道路两侧为绿地，步行空间可纳入绿地一并设计，可不单独设置人行道，如道路距离住宅较近，则两侧可适当布置绿化，作为道路与住宅之间的隔离，有利于保护住宅的私密性。

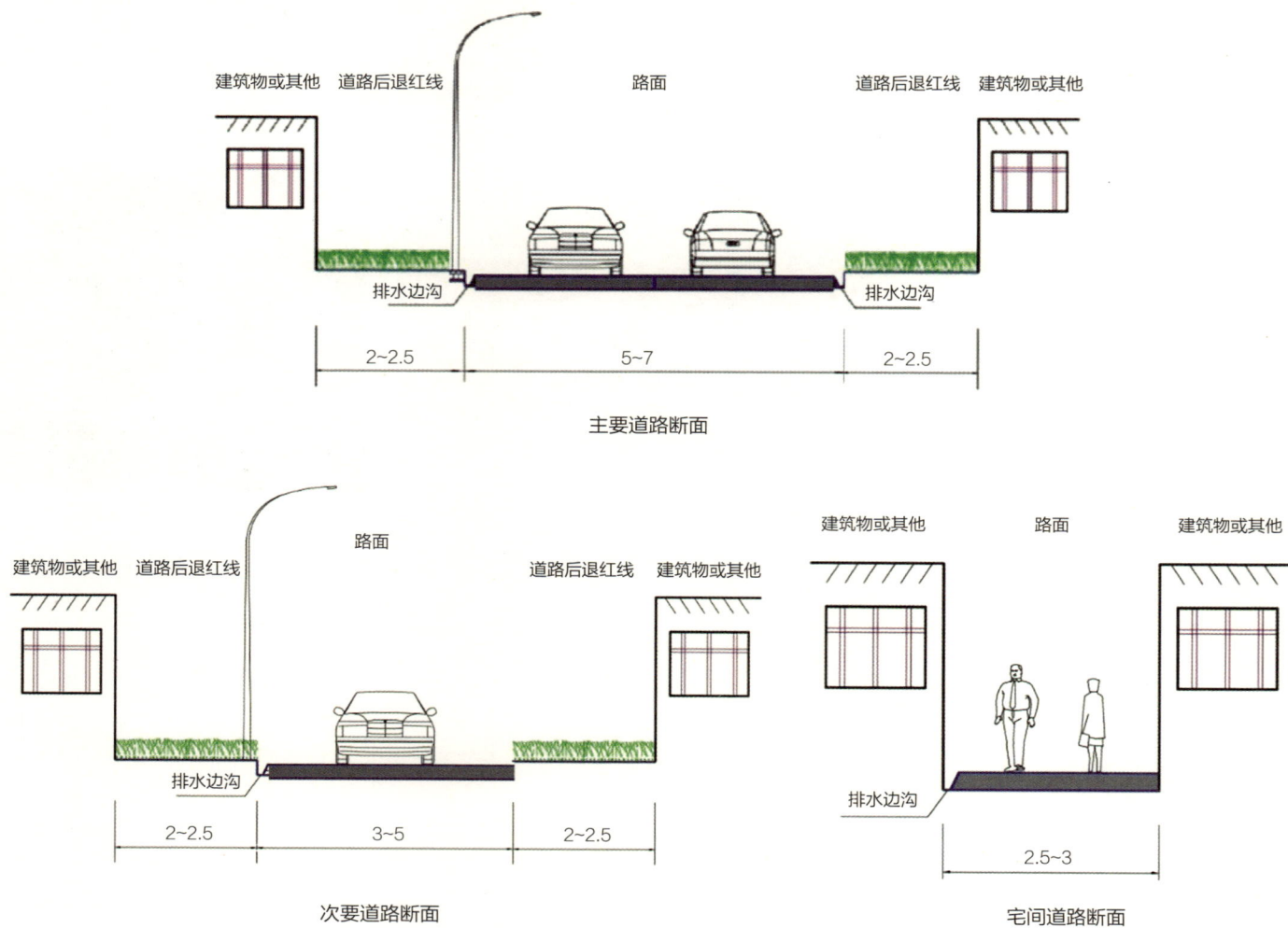

主要道路断面

次要道路断面

宅间道路断面

（3）路面铺装

结合生产生活需求，对保留的主要道路进行适度改造，路面铺装宜采用硬质材料，一般情况下使用水泥，也可采用沥青、块石、混凝土砖等材质。

（4）附属设施

路灯、安全设施应配备齐全，保障村民出行安全。

村庄主次道路和公共活动场地应合理设置路灯，光源采用节能灯或太阳能灯具，灯具形式应与周边环境相协调。灯具照明半径宜为20~30米，主要道路、次要道路、宅间道路宜选用不同高度的路灯。

在村庄道路长下坡前、连续弯道前后路段、宽度变化路段设置车速控制设施，如减速带、标识牌等，保证行车及村内步行安全。

水泥路面

沥青路面

简洁朴素的路灯

简洁朴素的路灯

设置减速带控制车速

（5）停车场地

充分利用村庄闲置空间，采用集中与分散相结合的方式布局停车场地。集中停车场宜充分考虑村民交通出行路线，结合村庄入口和主要道路，设置在村庄外围交通便捷之处。

在不影响道路通行的情况下，可通过优化村庄交通标线、划定禁停格、安装禁停标志牌等措施，在主要通车道路单侧划定路边停车位。

有农业机械停放需求的村庄宜设置农机器械停车场。

集中停车场宜采用透水铺装等生态方式进行建设，并预留充电桩。鼓励集中停车场"一场多用"，停车场可兼做农作物晾晒、集市、文体活动场地等。

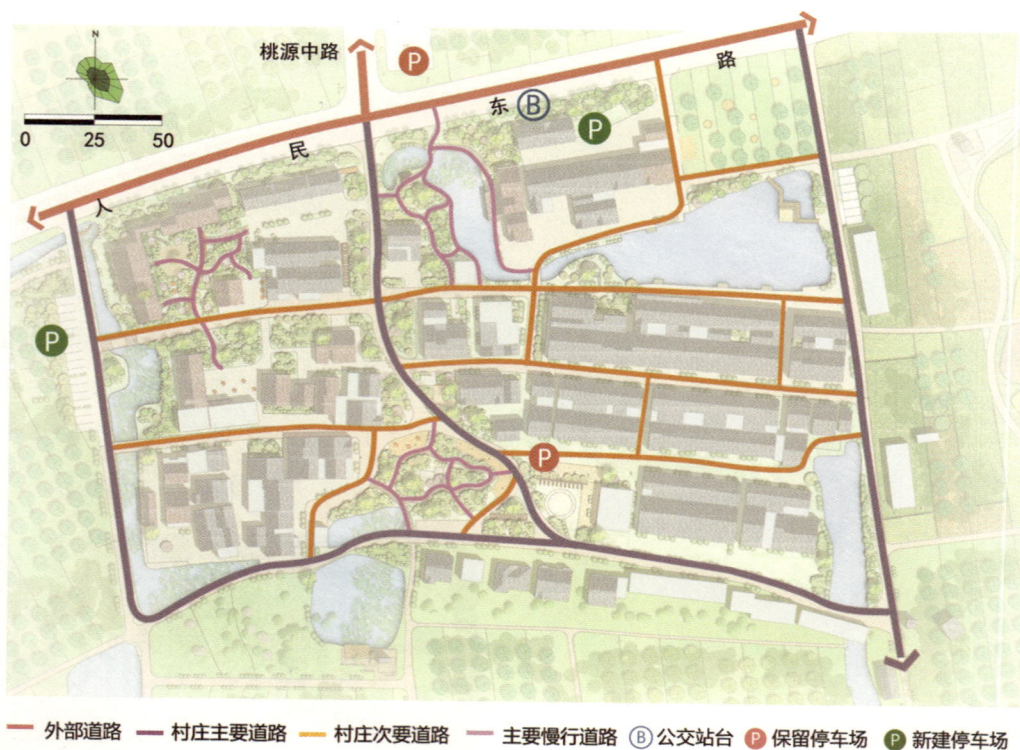

━━ 外部道路　━━ 村庄主要道路　━━ 村庄次要道路　━━ 主要慢行道路　Ⓑ 公交站台　🅿 保留停车场　🅿 新建停车场

村庄道路及停车场布局图

采用植草砖铺设的停车场

沿道路一侧的停车场

多功能集中停车场

2. 村庄供水

村庄供水应与区域给水管网同源、同网、同质、同服务，无法接入区域供水管网的村庄可根据水源特性，设置集中式或分散式净水设施，保障饮水水质及安全。

重点改造老旧、损坏、漏损率高、管径偏小、不规范敷设的供水管道，并结合供水管网改造，优化管网布局。

3. 雨水排放

（1）排水体制

村庄排水宜采用雨污分流制，已建成合流制排水系统的村庄应适时改造为分流制；确实无法改造的，可采用截流式合流制。

（2）雨水排放方式

村庄雨水应优先利用地形自然排放，也可选用生态沟渠收集排入附近水体。对于雨水自然排出困难的区域，应设置雨水管道组织排放。

鼓励通过场地、道路等公共空间设置下凹式绿地、生态滞留沟等海绵设施，降低雨水径流量，对雨水进行利用、净化。

（3）雨水管道、沟渠

沿道路敷设雨水沟渠、管道，新建道路雨水沟渠宜优先选择生态植草沟，或采用梯形、矩形断面，也可选用混凝土或砖石、条（块）石、鹅卵石等乡土材料砌筑。

干净、整洁的雨水边沟

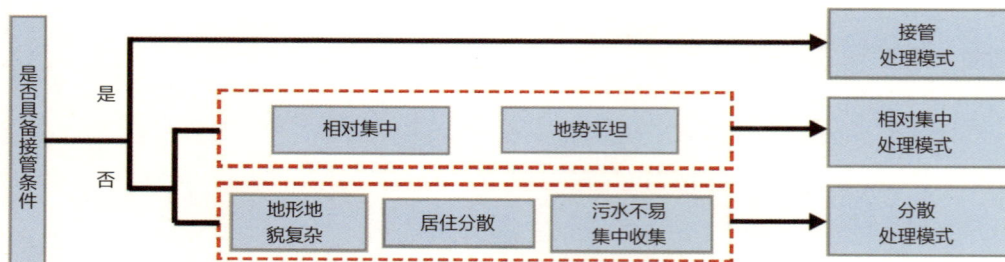

村庄污水处理模式指引图

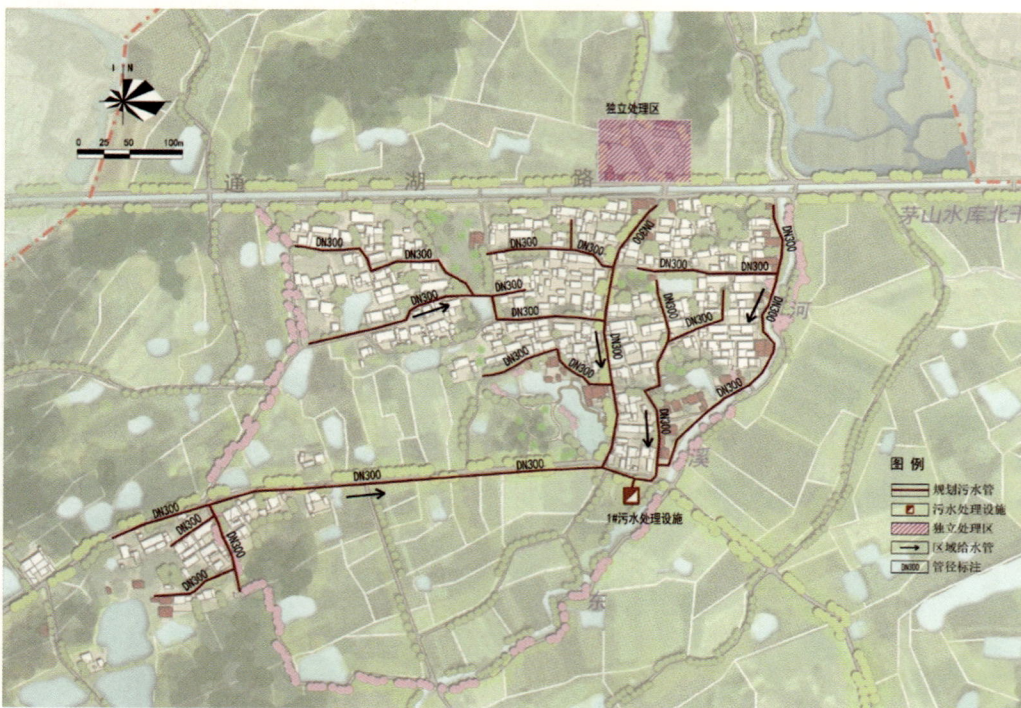

污水管网布局示意图

4.污水治理

建立完善的污水收集系统，因地制宜采用接管或自建污水处理设施处理生活污水，并同步衔接新、老村庄的污水收集、处理系统。

（1）处理模式

邻近城镇或具备接管条件的村庄，应优先纳入城镇污水系统统一处理；无接管条件的村庄应优先选用相对集中处理模式，设置小型污水处理设施集中或分片对村庄生活污水进行处理；地形地貌复杂、居住分散、污水不易集中收集的村庄，可采用相对分散的处理模式。

（2）污水收集系统

村庄应建设完善的污水收集系统，生活污水应通过污水管道应收尽收。

污水管道应考虑村庄布局、道路走向、地形地貌，充分利用自然高差，按管线距离短、埋设深度小等原则，沿道路或平行房屋敷设，并避免管道穿越河道、铁路、主要公路等现状设施。

（3）设施选址

污水处理设施选址应综合考虑建筑布局、风向等要素，布置在村庄下风向、水系下游处，并与周边风貌、环境的协调，可通过景观、艺术设计等方式进行装饰美化。

（4）处理工艺

考虑村庄所在地区环境、村庄经济基础等要求，因地制宜选择污水处理工艺。尾水排放应根据收纳水体功能要求，满足《农村生活污水处理设施水污染物排放标准》DB 32/3462的规定。

相对集中处理模式的处理工艺可有针对性选择生物处理技术、生态处理技术或生物生态组合技术。生物处理技术可采用A/O生物接触氧化技术、生物接触氧化技术等；生态处理技术可采用有机填料型人工湿地、组合型人工湿地等；生物生态处理技术可采用脉冲生物滤池技术、生物滴滤池技术等。主要污水处理工艺适用范围详见下表。

脉冲生物滤池——人工湿地技术应用实例

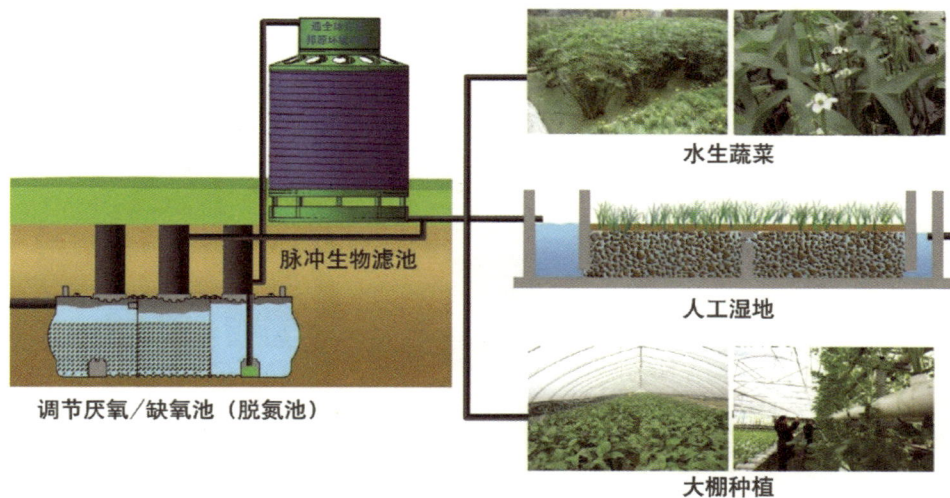

脉冲生物滤池——人工湿地技术工艺流程图

相对集中处理模式村庄污水处理工艺表

	推荐技术	适用范围
生物处理技术	A/O生物接触氧化技术	适用于河网区、平原或地形较为平坦的村庄，也适用于山区等地势起伏较大的村庄，处理规模为1~500立方米/日
	生物接触氧化技术	适用于相对较集中、处理规模宜为10~250立方米/日的村庄
生态处理技术	有机填料型人工湿地	适用于居住相对集中、水环境容量大、对出水水质要求不高、村庄经济基础相对较弱的村庄
	组合型人工湿地	适用于20户以上（水量10立方米/日以上）的村庄
	土壤渗流技术	适用于平原、丘陵地区的居住相对集中的村庄，处理规模宜为10~500立方米/日
生物生态处理技术	脉冲生物滤池技术	适用于河网区、平原区或地形较为平坦的村庄，住户相对集中，户数从十几户至数百户，处理规模为5~100立方米/日
	生物滴滤池技术	适用于地形较为平坦、土地资源较为紧张、无条件配备专业管护人员的村庄，处理规模不小于5立方米/日

分散处理模式村庄污水处理工艺宜选用户用生态模块或净化槽处理技术。

分散处理模式村庄污水处理工艺表

推荐技术	使用范围
户用生态模块	适用于1~2户零散污水处理或村庄经济、技术基础相对薄弱、水环境容量较大的村庄
净化槽	适用于住宅分散，污水管网敷设困难的村庄以及水环境较为敏感的区域，处理规模为1~10立方米/日

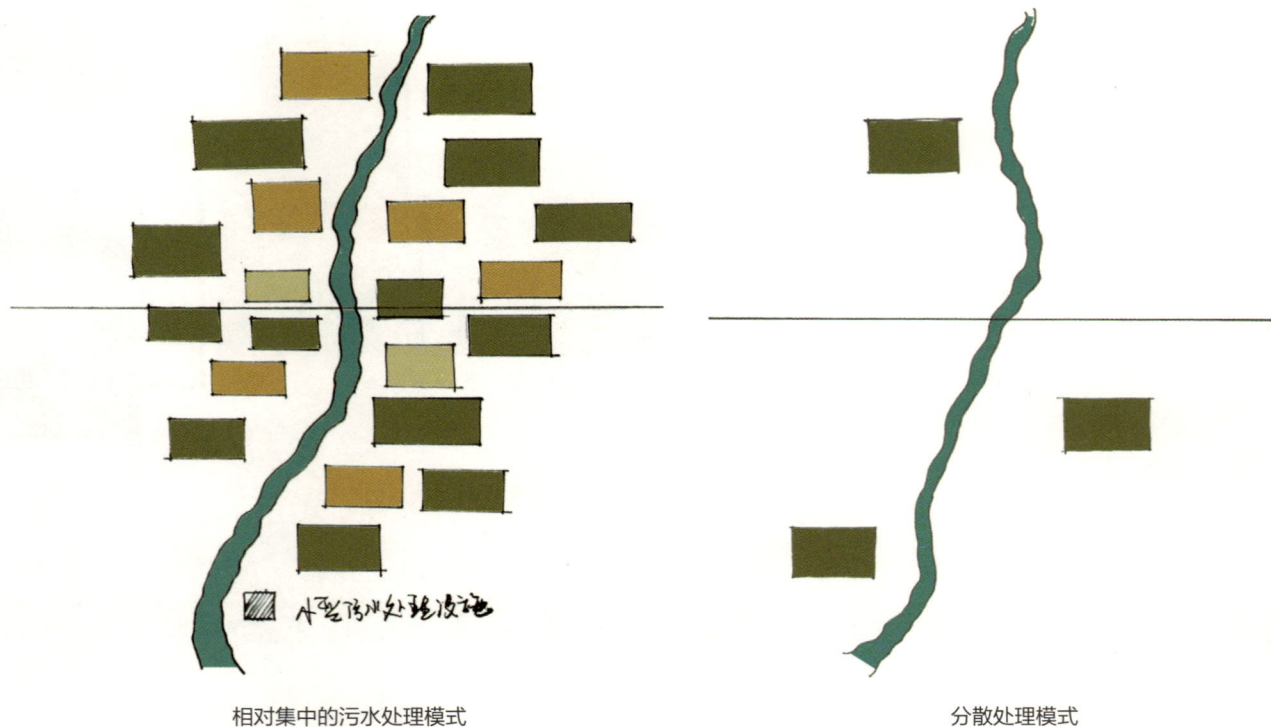

相对集中的污水处理模式

分散处理模式

（5）污水资源化利用

村庄生活污水经处理后宜考虑尾水利用，用于农田灌溉的，应符合《农田灌溉水质标准》GB 5084的规定；用于景观补水的，应符合《城市污水再生利用－景观环境用水水质》GB/T 18921的规定。

5.垃圾处理

（1）收运体系

按"组保洁、村收集、镇转运、县（市）处理"方式组织生活垃圾收运，建立"有制度、有标准、有队伍、有经费、有督查"的村庄环境卫生长效管护机制。

（2）分类减量

积极开展农村生活垃圾分类，采用村民弄得懂、易操作、可接受的分类方法，推动生活垃圾源头分类减量，可将生活垃圾分为易腐垃圾、有毒有害垃圾、可回收物和其他垃圾四类。

易腐垃圾实施就地生态处理，有毒有害垃圾按相关规定统一收运处理，可回收物由废旧物资回收站或资源回收企业处理，其他垃圾进入城乡统筹生活垃圾收运处理体系，由城市垃圾终端处理设施进行无害化处理。

（3）设施配置

根据村庄规模和形态，合理配备垃圾收运设施，生活垃圾日产日清，无暴露垃圾和积存垃圾，结合村庄公共空间配置分类垃圾收集点。

易腐垃圾处理终端可采用一村一建或者多村合建的方式，选择适合当地的处理工艺，如阳光堆肥房、厌氧发酵、一体化处理机等，将易腐烂垃圾实施就地生态处理。

垃圾分类收集点设置示例

垃圾资源化利用设施示意图

6.公共厕所

根据村庄规模和形态合理布局公共厕所，1500人以下规模的村庄，宜设置1~2座，1500人以上规模的村庄，宜设置2~3座，公共厕所应至少达到三类水冲式建设标准。

公共厕所可结合村庄公共建筑和公共绿地布局，可适当采用绿化植被遮挡，降低对周边环境影响。公共厕所应干净整洁、经济节约，避免求大、求洋，外观应与村庄整体风貌协调，鼓励使用乡土材料，形成乡土特色。

公厕应避免求大、求洋

干净、整洁且与村庄整体风貌相协调的公厕

7. 其他基础设施

（1）供电

消除私拉乱接现象，拆除影响村容村貌的电力杆线，杆线排列应整齐，尽量沿路一侧架设。新建电力线路可埋地敷设。

（2）通信

结合公建设置邮政代办点、通信机房、智能快递柜及电商服务网点。有条件、有需求的村庄可推动5G网络覆盖建设。

村庄通信线路应排列整齐，各运营商通信线路宜共杆架设。重点梳理村口、道路交叉口、公共活动空间等区域杆线，减少线路交叉，拆除凌乱及影响村庄环境美观的通信杆线，新建通信线路可埋地敷设。

（3）能源

具备引入管道天然气的村庄应接入燃气管道，管道宜埋地敷设，当燃气管道不具备埋地条件时，在做好美化措施的前提下也可采用沿墙敷设。

8. 管线综合

有条件的村庄，在各类管线建设时可采用微型管廊、缆线管廊或小型管沟的形式进行管线综合，集约管线空间。

通信架空线敷设示意

10kV箱式变示意

CHAPTER 03

建设管理

住房和城乡建设部乡村建设评价——村庄问卷调查

村民支持美丽宜居乡村建设

党员志愿者参与相关工作

听取村民意见

设计师入户调研

全面加强村庄规划设计和施工质量安全管理，建立健全村庄环境长效管护机制，不断提升村庄建设质量和管理水平。在美丽宜居村庄建设的各个阶段，应重点做好以下工作：

一、启动阶段

1.组织发动

充分发挥好村两委战斗堡垒作用和村级带头人作用，通过基层党组织统筹协调各方力量，引导党员发挥先锋模范作用，带头执行党组织决定，引导群众自觉主动参与美丽宜居村庄建设。

可组织村干部、村民代表外出参观考察，学习先进地区建设经验，提高村民参与美丽宜居村庄建设的积极性。也可组织村干部带头示范，让村民在看得见、摸得着的现实成效面前，支持参与美丽宜居村庄建设。

2.调研分析

采取实地踏看、入户调查、与农户交谈、召开座谈会等多种方式，详细了解当地自然、人文情况，村庄基础设施、公共服务设施配置情况，房屋高度、质量、风貌情况，历史文化与乡风民俗情况等。

二、设计阶段

1.突出问题导向

通过翔实的现状分析，找准村庄建设发展、村民生产生活、村庄建设管理中存在的主要问题，有针对性地提出规划设计目标和措施，增强规划设计的实用性。

准确把握不同类型村庄开展美丽宜居村庄建设的着力点和关键点，精准提出思路对策和工作着力点，明确美丽宜居村庄建设重点。

2.注重发展策划

深入挖掘不同村庄在产业、文化、生态、空间等方面的特色资源优势，并在区域协同和城乡融合发展的背景下进行村庄的产业策划、文化策划和生态策划。

特色保护型村庄应立足自身资源禀赋、产业基础、人文历史、地理条件等，从产业布局、总体规划、景观设计等方面入手，做好村庄整体发展策划，打造品牌形象，统筹做好"无中生有""有中生新"文章。

规划新建型村庄应充分挖掘乡村空间资源、地域文化资源和生态资源，推动乡村多重价值功能共同实现。通过特色化空间建设，彰显地域建筑特色，植入新产业、导入新功能、建设新家园。

集聚提升型村庄应完善公共服务设施及基础设施配套，因地制宜发展主导产业，优化村庄人居环境，提升村庄活力，吸引人口集聚。

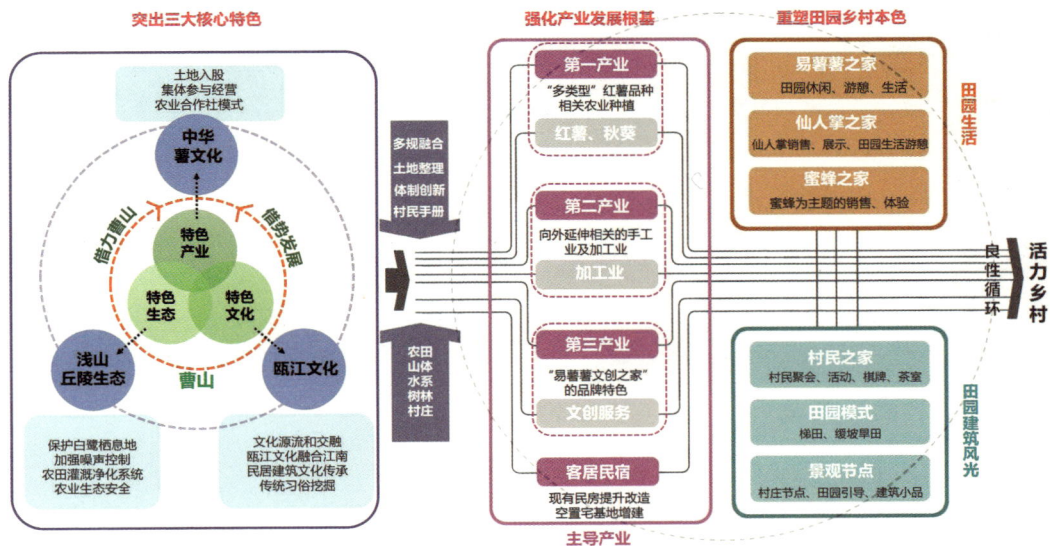

围绕特色产业、文化资源、山水资源联动策划，良性互动

3.系统规划设计

在规划设计方案编制过程中，重点关注以下内容：

一是注重土地利用、生态保护、特色产业、空间建设规划的有机融合，尤其注重在现有基础上，培育壮大有优势、有潜力、能成长、以农业为基础的特色产业。

二是突出更加深入细致、反映本土特性、体现因地制宜、表达乡村丰富性的设计。做好山水田园环境、重要节点空间、公共空间、建筑和景观的详细设计，注重乡土文化挖掘、保护、传承和利用，用好乡土建设材料，新建建筑与乡村环境相适应，彰显田园乡村特色风貌。

三是配套公共服务设施与基础设施，公共服务设施的配套规模应根据村庄人口规模和产业特点确定，与经济社会发展水平相适应；基础设施建设要统筹好道路、给水排水、供电、电信、燃气、环卫等设施的布点和线路走向。通过补齐农村民生短板，让农民群众有更多实实在在的获得感、幸福感、安全感。

村庄规划效果图

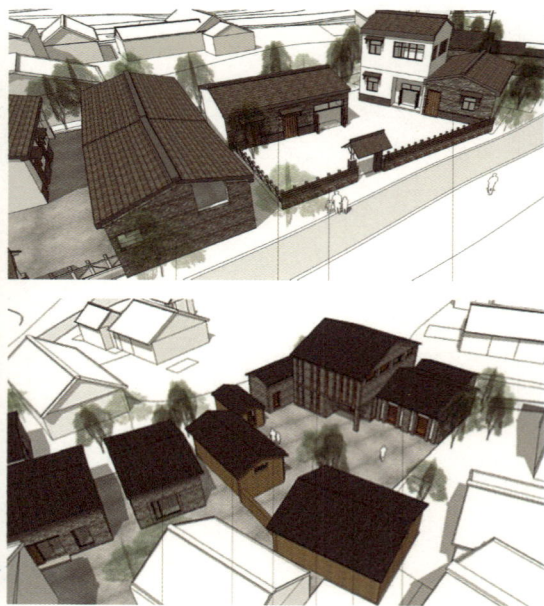

重点空间设计效果图

三、建设阶段

1.引导多元主体参与

（1）积极引导多方参与

积极推动乡贤、乡村设计师、乡村工匠、社会资本等多元主体共同参与运营，探索村庄运营新模式，引入金融、社会资本或通过合作社、村企等平台参与村庄产业建设发展，提高市场化运营程度。

（2）组织村民投工投劳

调动村民参与村庄建设的主动性，引导村民与施工队伍协作联动，一起打理建设自家院落。积极组织空闲劳动力参与卫生保洁、安全巡护、质量监督等工作，积极引导乡贤为村庄建设献计献策，干部群众齐动手，增强乡村建设发展内生动力，共享美好生活。

村民参与规划制定

村民参与村庄建设

2.积极探索乡建新模式

（1）乡建EPC

EPC是指从事工程总承包的企业按照与建设单位签订的合同，对工程项目的设计、采购、施工等实行全过程的承包，并对工程的质量、安全、工期和造价等全面负责的承包方式。

村庄建设采用EPC模式，可实现项目的设计、采购、施工一体化，将设计、采购、施工多次招标变为一次招标，变硬化、绿化、亮化、污水处理、民居改造等单项招标为综合招标，变工程总价招标为费率招标，变先预算评审为后决算评审，一举破解乡村建设招标时间长、规划落地难、质量把握难等问题，确保顺利推进。

（2）设计师负责制

推动乡村建设全过程陪伴式服务，建立设计人员驻村服务制度和基层实践"一对一"联动制度。设计师团队与乡村基层党组织、村集体、村民密切配合，共同设计、共同谋划、共建共享，使乡村规划设计成果更接地气、更受欢迎，推动形成乡村建设发展"民事民议、民事民办、民事民管"的多层次协商格局，使美丽宜居村庄建设过程成为推动构建乡村治理新格局，培育文明乡风的过程。

设计师驻场服务

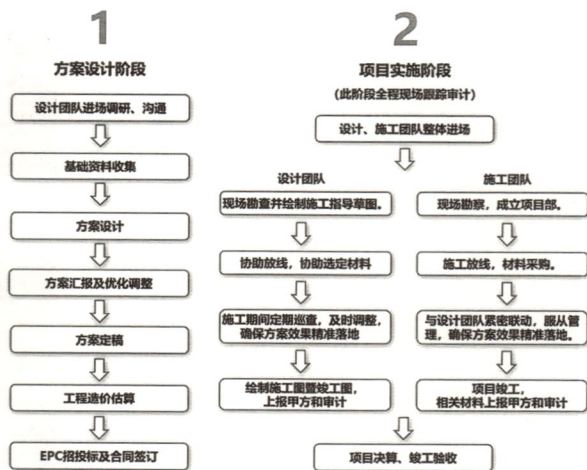

EPC模式工作组织流程图

（3）全过程工程咨询

全过程工程咨询服务是指对建设项目全生命周期提供组织、管理、经济和技术等各方面的工程咨询服务。它包括项目的全过程管理以及投资咨询、勘察、设计、造价咨询、招标代理、监理、运行维护咨询等工程建设项目各阶段专业咨询服务。

全过程工程咨询能够通过降低传统模式下多次发包的管理成本节省项目投资，通过优化项目组织缩短项目周期，通过调动承包单位的主动性提高服务质量，充分发挥承包单位的管理优势降低建设风险，有利于建设项目高效运作。

顾问型模式	管理型模式	一体化协同管理模式
你来管，我指导	**我代你管**	**我帮你一起管**
按照合同约定，对建设项目组织实施提供全过程的顾问咨询服务，不参与项目的实施管理。	按照合同约定，对建设项目的组织实施提供全过程的顾问和管理服务，参与项目实施全过程的顾问和管理。	项目单位和受托咨询单位共同组建管理团队，对工程项目的组织实施提供全过程的咨询和管理服务。

全过程工程咨询三种组织模式

（4）工程代建

工程代建是指建设方选择专业化的项目管理单位，签订代建合同，负责项目建设的组织实施，并承担控制项目投资、质量、工期和施工安全等责任，项目竣工验收后移交使用单位的项目建设管理制度。

"代建制"突破了传统的工程管理方式，使现行的"投资、建设、管理、使用"四位一体的管理模式，转变为"各环节彼此分离，互相制约"的模式，有利于实现建设项目的科学决策，提高建设项目的管理水平和工作效率，促进建设项目更加规范有效。

四、管护阶段

根据村庄实际，分别落实设施维护、河道管护、绿化养护、垃圾收运、公厕保洁等队伍。建立健全专项管理制度，明确标准和要求，指标尽可能量化，以便于检查、评比和考核奖惩。建立"有制度、有标准、有队伍、有经费、有督查"村庄环境长效管护机制。

1.村庄面貌整洁有序

村内道路路面干净、两侧整洁，道路及周边公共环境无垃圾、无积水、无杂草、无乱堆乱放。村民房前屋后和自家院落卫生整洁，生活垃圾入桶，家畜家禽圈养，圈舍清洁卫生，无露天粪坑。无严重影响村容村貌的建筑物、构筑物及其他设施，无破败空心房、废弃住宅、闲置宅基地及闲置用地。

2.生活垃圾妥善处置

村庄垃圾收集设施和清运设备配置合理，无暴露垃圾和积存垃圾。合理配备保洁人员。生活垃圾分类收集资源化利用取得进展，秸秆、畜禽粪便等农业废弃物得到综合利用。垃圾日常清运，集中清理积存垃圾，保持村庄整洁的常态化。有条件的地区提高村庄生活垃圾收运设施的标准化及保洁人员专业化水平。

3.生活污水有效治理

污水处理设施运行正常，无污水超标集中排放。污水处理设施定期维护，有条件的可委托专业公司定期维护。村庄排水体系完善，道路两侧有雨污水排放管道或沟渠且排放畅通，污水无向街道、河渠、田间直接排放现象。畜禽养殖场粪污的收集、储运和处理设施运行正常，做到防雨淋、防渗透、防外溢。

4.农村道路通达安全

路面平整、横坡适度，路肩整洁、平整顺直，边坡稳定、排水畅通，桥涵、构造物完好。交通标志、防护设施完好，沿线无乱搭乱建、乱堆乱放、打谷晒场等影响车辆安全的脏乱差现象。镇村公交、校车等通行安全，村道路肩宽度适宜，平交道口、急弯、陡坡、宽路窄桥等路侧险要路段设有警示标志。

5.农村河道清洁畅通

河面清洁，无有害水生植物，无漂浮物，无未经处理的工业废水、畜禽粪便直接排入河内。河坡整洁，无垃圾，无乱建乱堆乱挖，无乱种乱垦。河道畅通，无行水障碍物，无阻水高秆植物，无挡水圩坝、坝埂。定期开展河道沟塘轮浚，保持"水清、流畅、岸绿、景美"的村庄水环境。

6.村庄生态环境优良

村庄道路两侧、公共场所、房前屋后能绿尽绿、应栽尽栽。村内古树名木、花草树木得到妥善养护，无乱砍滥伐。村内公共绿化由专人负责，做好林木的种植、病虫害防治、施肥等日常管理。绿化品种与乡土适宜，保持四季有绿、季相分明、层次丰富的绿化景观，不提倡新栽种管护成本较高的花木、草坪等名贵品种。

7.公共设施运行良好

村内公共基础设施、卫生设施和公共活动场所等有专人维护，设施完好、维护到位、使用正常。村级综合服务中心功能完善，能满足群众日常需求，为党员活动、村民议事、教育培训、文化娱乐等活动提供必要服务。村级信息综合服务平台功能有效发挥，能经常性开展农业生产、涉农市场信息、农村经营管理、"三农"政策咨询等涉农信息服务。

五、保障措施

1.积极筹措经费

建立以公共财政投入为主、社会力量捐助、农民适度负担相结合的经费保障机制。各级财政应将村庄建设长效管理经费列入本级年度财政预算，安排专项经费用于村庄长效管理"以奖代补"。动员组织各行各业、社会各界能人、大户和驻村企事业单位等社会力量以捐资捐建的方式支持美丽宜居村庄，形成全社会支持、关爱、服务美丽宜居村庄的浓厚氛围。

地方政府和村集体不得违法违规变相举债，不得增加乡镇、村级债务负担。

2.加强乡村治理

融入"共同缔造"理念，把强集体、育乡风、促治理列为重要的工作目标，在工作推进中充分发挥基层党组织的战斗堡垒作用和村民的主体作用，发挥村民议事会、道德评议会、红白理事会等村民自治组织作用和新乡贤示范引领作用，深入开展文明家庭创建，扎实推进移风易俗，弘扬时代新风，村民的归属感、获得感和幸福感得到明显提升，乡风文明程度较高。

积极开展智慧治理和数字乡村建设，并与乡村网格化治理体系有机结合，全面运用、深化拓展"大数据＋网格化＋铁脚板"治理机制，推进"红色网格"建设、政务服务建设和网格化智能应用平台建设，加强农村专兼职网格员队伍建设，提升乡村治理效能。

3.营造良好氛围

积极运用传统媒体和新兴媒体，采取多种形式，全面宣传美丽宜居村庄建设的重要意义、总体思路、基本原则和重点任务，把广大农民群众的积极性、主动性、创造性充分激发出来，把各方资源和力量凝聚起来。要利用各种宣传工具，教育村民要珍惜、保护整治后良好的村庄环境，大力倡导卫生生态文明新风，逐步改变农村的陈规陋习，引导村民养成良好的生活卫生习惯。

CHAPTER 04

典型案例

- ■ 一、特色保护型村庄
- ■ 二、集聚提升型村庄
- ■ 三、规划新建型村庄

一、特色保护型村庄

1.溧阳市别桥镇塘马村

塘马村位于溧阳市别桥镇西北，毗邻塘马水库，生态环境良好。2017年，村庄共有159户，532人，以种植有机稻米为主，已经形成发展富硒软米产业的基础，村集体经济收入40万元，农民人均纯收入21500元。

塘马是新四军苏南抗日战争中规模最大、最为惨烈的塘马战斗发生地，至今仍保留遗址，并建有塘马战斗纪念广场。村庄建设密度高，田园风光景观单调，人居环境一般，基础设施配套缺乏，面临人口流失和老龄化的困扰，邻里关系日渐疏远。

2017年入选江苏省首批特色田园乡村建设试点以来，塘马村组织设计师、村民、新乡贤，联合国有企业等共同推动村庄规划、建设、运营与管理，注重村庄环境、文化设施建设，打造田园文化、田园生产、田园居所于一体的农耕乡村聚落，展现了"睦邻原乡、文艺塘马"的新风貌。

曾经的塘马村

（1）留存集体记忆，设计"形塑乡村"

改造利用老村部。改造老村委，新增了桁架体系，形成连廊系统。新老建筑围合成不同的院落，承载不同的功能，为老百姓营造一个交流、交心、交往的空间，重塑人情社会。新村民中心建成使用后，承接了各类乡村振兴交流、培训活动。

老村部改造为村民活动中心

运用乡土材料。村庄景观建材多以青砖、废瓦、竹子等本地材料为主，凸显村庄特色。调动村民参与村庄建设的主动性，乡村工匠和村民协作联动参与村庄建设。

乡土景观

　　保护历史环境要素。注重保护200年树龄的榔榆，对周边场地"做减法"，减少铺地对树木的影响，为保护老树枝干，用废旧轮胎包裹形成"保护圈"，形成了堤坝和树木保护的双重效果。

　　植入"文化工坊"提升活力。改造旧民房为戏剧创作基地，也是溧阳的戏曲学校。建设"百合文苑"，成为溧阳作家及文学爱好者们的精神家园，也是江苏省作家协会的写作学校和作家工作室。

围绕古树打造特色空间

旧民房改造为戏剧创作基地

（2）推动资源活化，设计"提振乡村"

发展特色种植业。规模化种植563亩农田，打造软米品牌，着力形成具有地域特色和品牌竞争力的农业地理标志品牌。2018年1月，溧湖有机软米入选"江苏好大米"十大品牌。

同时，采用"农户+村集体+合作社"的模式，建设百合基地，利用互联网推广销售塘马百合，着力把品牌做出市场知名度。

打造"我家自留地"。对村内闲置低效自留地进行重新设计，作为蔬菜种植田——"我家自留地"，由村委联合专业企业共同经营。聘请当地菜农为田园管家，公司与其签订聘用协议，建立紧密、稳定的利益联结机制。

村民参与业态经营。改造村民闲置房屋，植入特色业态，设置"一茶一饭一宿一厅一坊"，如村民毛金凤开的"原乡面馆"是塘马的"网红面馆"，回乡创业的村民徐惠英经营的"看菜吃饭馆"等都有着较高"人气"。

溧湖有机软米

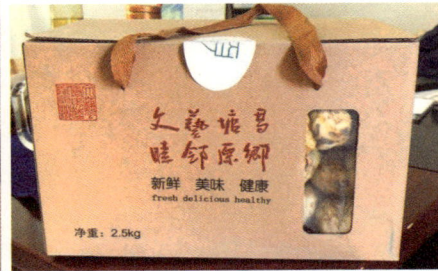

塘马百合生产销售

"我家自留地"

网红面馆

塘马"睦邻社"共建活动

（3）搭建合作平台，陪伴"缔造乡村"

溧阳市成立了由市级国有企业与镇人民政府、村集体、村民合作组织、民营企业以及社会团体共同参与的平台公司。平台公司与设计团队聘请本地乡村工匠队伍和专业施工队伍组成施工方，让他们发挥所长，匠心建设。

建立"睦邻社"乡村共治机制。将村庄分为九个区块，用家族关系、邻里关系等串联起九个"睦邻社"，由村民推选出九位"睦邻管家"。推行"百姓议事堂"协商机制，做到"大事一起干、好坏一起评、事事有人管"，让村庄充满着向上、和睦的氛围。

自2017年入选江苏省首批特色田园乡村建设试点以来，塘马发生了翻天覆地的变化，逐渐成为远近闻名的"网红村庄"，越来越多的人走进塘马、品味塘马。到2020年，塘马村民人均年收入增长到3万元，乡村旅游年收入从0增加到150万元，农业规模化经营比重达90%，村集体经济收入增长41.8%（相比2016年），吸引村民返乡创业就业52人，承接乡村建设培训404批次、12845人次，实现了长期稳定良性发展的趋势，呈现了"精神焕发的农村"现实模样。

2. 昆山市锦溪镇祝家甸村

祝家甸村位于昆山市锦溪镇长白荡南岸，生态环境优越，交通便捷，共有268户，786人。村庄古称陈墓，与姑苏陆慕同为我国古代紫禁城金砖的产地。在被列为江苏省首批特色田园乡村建设试点前，村庄人口外流严重，仅有20%的人口在村中从事务农及烧砖等产业，房屋空置率达42%，建筑风貌较差，翻修房屋甚微，随着烧制实心黏土砖产业被禁止，村庄日渐衰败。

2017年3月，"当代田园乡村规划建设实践研讨会"在祝家甸召开，引起了社会和业界的广泛热评。祝家甸村也成了特色田园乡村建设理念的策源地。被列为江苏省首批特色田园乡村建设试点。村庄在"微介入"规划设计理念指引下，从砖窑的改造更新开始，同步完善基础设施和公共服务，充分利用村庄良好的自然生态和人文本底，逐步形成了以砖窑文化创意产业为特色，有机农业为主导，以乡村旅游、体育休闲产业为辅助的现代产业体系。

试点前的村庄

当代田园乡村规划建设实践研讨会

现状全貌

（1）小微更新，潜移默化

实施砖窑改造。采用"微介入"的手法，从废弃的砖厂改造开始，如中医"针灸"一样，通过"点"的刺激作用，逐步带动整个村庄的振兴。

砖窑改造过程中，秉承"祝甸金砖"的文化传承，经过加固、改造和新功能的植入，将其改造成为金砖文化展示馆，一楼为餐饮、文创工作室等业态，二楼为多功能区域可对外出租场地，承办各种会议、论坛。

改造后的砖窑

改造后的砖窑外立面

改造前

改造后

改造前

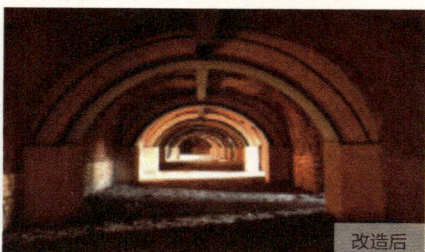
改造后

砖窑内部改造前后对比

改造利用闲置建筑。在砖厂主体建筑实施改造的同时，利用砖厂原先的仓储办公用地设计建造了精品民宿，设立了民宿学校，邀请专业经营团队到这里开班办学。此外，设计团队结合村民需求和想法，设计了5种民宅户型供村民选择，提炼出"原基址、原高度、小庭院、白粉墙、青砖瓦、坡屋顶"六项元素来控制村落的建筑风貌，受到农民认可，到2020年全村已有145户进行了农房自我更新。同时，对乡村祠堂、小礼堂等进行乡村影院改造。

（2）生态修复，景观提质

对砖厂、民宿、祝家甸村周边水岸线和湖泊展开生态修复，保障湖荡的生态安全。同时，对村庄的农业空间、村内道路、田间步道等进行提升，形成生产与观光融合、村民与游客共用的景观空间。

小学改造前后对比

仓储办公用地设计建造了精品民宿

村内河道生态修复

农田环境整治

长白荡湖岸修复

配套设施

在砖窑文焕馆内开展文创、体验等活动

古窑群保护

（3）培育特色，文化传承

培育特色产业。坚持农业为本，一三产融合，形成以有机农业、特色林木、鱼塘等乡村农业为主，休闲、文化体验为辅的一三产融合产业。同时，完善服务设施，提高乡村服务业水平，配套实施民宿学院、村民食堂、村民礼堂、婚礼剧场、茶山小筑等项目。

促进文化传承。利用砖窑文化馆展示金砖非遗文化，同时，推动村东侧古窑的保护与修缮，带动村民共同维护好村庄最具代表性的特色资源。

（4）持续发展，长期陪伴

祝家甸从规划到实践已经持续了近5年时间，设计师前后现场服务上千次，坚持不做大而空的规划，只做实实在在的小事，通过点滴的积累让村民感受到村庄的变化，激发主动建设家园的积极性和主动性，从而实现渐进式的持续发展。

如今，祝家甸村人旺、产富，大批年轻人返乡创业，大量的电影、电视剧、广告在这里拍摄，婚庆、团建活动在这里举行，成为名副其实的旅游打卡地和远近闻名的网红村。村集体经济收入大幅提高，2020年村级稳定性收入达到443.36万元，村民增收渠道不断拓宽，租金收入、农产品销售收入、股权分红等收入不断提升，村民年均收入达到4.2万元。

3. 句容市茅山镇丁庄村

丁庄村位于句容市茅山镇，地处道教名山茅山的北麓，是远近闻名的葡萄专业村，2013年被评为"全国一村一品示范村"。村庄占地面积142公顷，人口690人，202户。2017年，村集体经济收入81万元，农民人均纯收入2.6万元。丁庄村虽有好的葡萄产业发展基础，但也存在着村庄生活环境一般、公共服务不足、产业衍生不够、人口外流叠加老龄化的问题。

2018年以来，丁庄村以发展高效农业和深化葡萄文化为主题，对葡萄产区核心区域和村庄软硬件设施进行全面系统设计建设，产生了积极成效。

曾经的村庄

（1）设计带活乡村特色经济，小葡萄创出大品牌

拓展延伸葡萄产业链。在葡萄种植的基础上，不断地开发葡萄的衍生品，逐步做大与葡萄相关的第二产业。推出了葡萄萃、葡萄干、葡萄果冻、葡萄奶昔、义利康酵素等高附加值产品。

葡萄衍生产品研发

（2）设计妆点村庄颜值，构建以"葡萄"为语汇的空间环境体系

以"葡萄"为语汇丰富文化内涵。以紫色为基调颜色，葡萄为设计元素，建设有丁庄葡萄特色的村口空间、标识小品，建设葡舍、百花巷等具有葡萄文化特色的村庄符号。利用葡萄藤、夯土墙、墙头、青砖、红砖等乡土材料，打造村庄的核心景观节点。

以葡萄为设计元素的标识小品

利用闲置传统民居打造开放空间。通过改造民居，打造葡乡记忆馆和民宿葡舍。重塑院落空间、打开封闭空间、开放体验场所，增加景观小品、丰富场所环境等设计手法，彰显空间环境特色。

（3）设计促进文旅融合，葡萄搭上网红"快车"

举办"丁庄葡萄音乐节"，每年葡萄音乐节期间，游客达60万余人次，已经成为南京都市圈游客葡萄采摘，周末休闲的首选之地。

老房子改造为葡乡记忆馆

村庄环境景观

丁庄葡萄音乐节

闲置老房子改造为葡乡记忆馆、葡舍

（4）新乡贤引领村民致富，人才培育机制新

随着村庄环境改善和葡萄产业的茁壮发展，吸引了大量大学生回乡创业，"葡二代"们在丁庄创业中崭露头角，开设丁庄葡萄淘宝店铺和微店，并邀请网红主播直播带货；开通丁庄葡萄电子商务交易中心，建立农产品电子商务交易平台，还与知名超市签订了葡萄销售协议，丰富线上线下销售模式。

同时，创新人才培养方式，开办葡萄夜校，建设培训场地，全面提升农户生产种植水平，带动周边农户共同致富。

创业者开设网店和网红直播带货

超市直供订单

在创建江苏省特色田园乡村中，丁庄村抓住机遇，以葡萄文化为核心，全面提升村容村貌，优化特色产业，为乡村综合振兴奠定了坚实的基础。2020年，丁庄村村级集体经济收入提升至106万元，农民人均纯收入达4.15万元，乡村旅游达到60万人次，全村旅游收入超过1000万元，村民们走上了致富之路。2020年，丁庄村入选中国美丽休闲乡村，荣获全国文明村称号。

4.徐州市贾汪区潘安湖街道马庄村

马庄村隶属于贾汪区潘安湖街道，坐落在风景秀丽的潘安湖国家湿地公园西侧，共有村民418户，1463人。

马庄村曾是一个偏僻普通的湖边小村庄，改革开放以来，马庄把党的政策、群众需求与自身实际紧密结合，充分挖掘文化内涵，激发全体村民参与文化创造的活力，走出了一条以"文化立村、文化强村"为抓手的新路子，形成了极具特色的"马庄文化"。

曾经的村庄

村庄现状全貌

规划平面图

产业布局规划图

香包文创综合体建成实景图

（1）融合多元文化，坚持文化立村

马庄紧扣文化特色，将农耕文化中的"中草药"和民俗文化中的"香包"相结合，突出"香"主题，提出"药香彭城，乐动华夏"的规划定位，并在"药香"文化、"芳香"产业、生态保育和田园意境等方面予以落实。

（2）落实文化主题，设计改善空间

突出"药香"文化主题，结合"香包+"产业，组织和设计相应的空间节点，促进文化与产业的有机结合，同时对空间进行整理和织补，重塑田园意境。

将村部北侧废弃的汽配厂重建为香包文创综合体，保留原围合式的院落格局，建筑风格上延续黑白色系，通过连续的坡屋顶和现代化的外立面设计，将现代与传统融为一体。

改造村内承载农耕文化历史20世纪80年代的渡槽和水塔，植入农耕文化主题，利用时间轴线展示村庄30年发展历程，供游客驻足观赏并感受马庄的农耕文化。

（3）文化引领建设，建设彰显品质

突出文化特色和基层党建，融合多元文化要素，通过文化建设引领产业发展、生态保育和田园意境塑造，将文化特色、产业特色、生态特色在空间上予以落实。

香绣街建成实景图

图书馆及农家乐建成实景图

以文化为内核凝聚人心。将中草药种植和中药香包制作整合，形成马庄村独具特色的"药香"文化品牌，将香包元素应用在路灯、指示牌等小品中，开展香包展销会，宣传非物质文化遗产。

马庄香包展销及马庄香包文化标识

香包原料种类及种植

提出"香包+"的产业发展思路，做大做强手工香包产业。发展农业休闲旅游，建成150亩的采摘园和500亩药香园，并将部分闲置民居改造为民宿，推动一二三产业融合发展。

马庄香包手工制作

进一步发挥非物质文化遗产传承人王秀英的带动作用，消化吸收农村妇女劳动力，做大做强手工香包产业，提高香包产业链相关工作人员的收入。

农乐文化体验

依托党建文化、香包产业和农业生态，策划了"党建教育游""民俗文化游""农业休闲游"等不同主题的旅游产品，体验"药香文化""农乐文化""乡愁记忆"。

江苏省特色田园乡村建设试点以来，进一步推动了马庄村发展加速，三年间农民人均纯收入同比增长了54%，旅游收入翻了一番。带动了300余名村民从事香包产业，2020年香包销售收入超600万元，2020年村集体收入达400万元，同比增长20%。

马庄以基层党建为基石，以文化特色为抓手，融合多元文化要素，是文化振兴、产业振兴、生态振兴的生动样板，探索了一条文化建设引领下的乡村振兴的"马庄实践"之路。

各类文化宣传活动

二、集聚提升型村庄

1.兴化市千垛镇东罗村

东罗村地处江苏中部兴化市千垛镇，江淮之间，里下河地腹地，紧邻千垛菜花景区，河汊纵横交织，湖荡星罗棋布，地理位置优越，水陆交通便利。村庄共有413户，1516人。2016年村民人均纯收入18130元，村庄前期积极开展村庄环境整治，村庄基础设施及公共服务设施配置较为齐全。但由于农业生产缺乏吸引力，农村生活缺乏活力，村庄格局缺乏协调性，成了非常典型的"空心村"。

曾经的村庄

（1）"政府＋社会资本＋村集体"合作模式

探索"政府＋社会资本＋村集体"合作模式，国有企业联合社会资本成立平台公司、万科集团成立合资平台公司，村集体以村民闲置土地作价入股，共同推动东罗村建设和运营，探索出一条政府主导下的社会资本参与乡村振兴的方式方法。

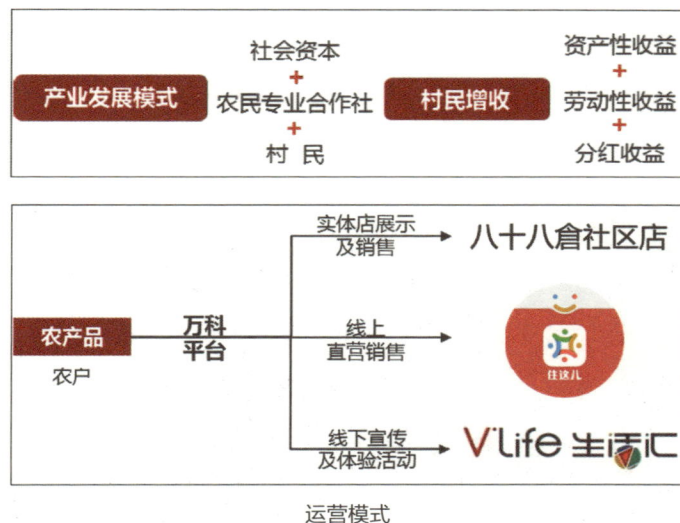

运营模式

东罗民宿

（2）采用"微介入""针灸式"的规划建筑设计模式

围绕村庄主要公共活动路线，以"微介入"和"针灸式"方式对村内的重要节点进行点状改造，希望通过这些节点带动村庄未来自发更新和改变，从而实现整个村庄风貌的改变。

通过改造和新建增加了新的功能建筑和公共空间：东罗秋实展览馆、村民服务中心、村民食堂、大礼堂、新的村民广场等。这些新的功能和空间的植入，完善和丰富了村庄的公共生活。

村民食堂实景

大礼堂改造前后对比

村史馆

村民服务中心

（3）延伸农产品产业链

与江苏省农业科学研究院、SGS（瑞士通用公证行）、知名农产品与食品检测实验室等专业机构合作，打造"八十八仓"等农业品牌，依托当地优质农产品开发多条产品线，如兴化大闸蟹、大麦青汁、兴化大米、彩米礼盒等产品，均实现线上线下同步销售。同时充分发挥知名物业公司联结城市居住社区的优势，将优质农产品直供市民，实现了农民致富、乡村发展、企业拓展乡村市场的多赢目标。

"八十八仓"农业品牌

2019年11月，东罗村被正式命名为"江苏省特色田园乡村"，经过特色田园乡村建设，东罗村人均年收入稳步增长，从2016年的18128元增长到2020年的25580元，乡村项目直接带动村民就业约30人。村庄接待考察调研同比增长1万人次。陆续入选"中国最美村镇""省级四星级乡村旅游景区""江苏省乡村旅游重点村""全国乡村旅游重点村"，获得广泛的社会认可和高度社会关注。

各类活动

2. 扬州市邗江区方巷镇沿湖村

　　沿湖村地处水陆交汇处，东临邵伯湖，拥有丰富的湿地滩涂以及水产资源，是典型的渔村。村域面积4760亩，其中水域达1820亩，耕地364.5亩，村庄常住人口1588人，人均耕地仅为0.22亩。大部分渔民都居住在漂泊的渔船上，依靠捕捞和养殖为生，交通出行不便，设施配套严重短缺，居住条件非常艰苦。

　　2007年开始，政府实施渔民上岸工程，先后利用整理出的160亩土地，成功实现以船为家的渔民上岸安居。部分渔民在传统捕鱼养殖的基础上试水乡村旅游，发展农家乐。但是存在村庄环境不佳、设施配套短缺、特色彰显不足、产业发展乏力等一系列问题。

曾经的村庄

（1）匠人慧眼，用身份转变挖掘特色

得天独厚的湖荡特色。沿湖村湖荡池塘密布，水体面积占村庄总面积的38%，而且兼具广阔湖泊、带状河道和斑块水塘等多种形式特点。

在湖泊和河流之间，分布着大大小小上百个水塘。形式多样的水环境不仅形成了美妙的自然景观，更形成了多样化的人居空间。

现状水环境分析图

广阔湖泊

带状河道

以水为生的产业特色。数百年来，沿湖村靠水吃水，以水为生，形成了捕捞、养殖水产等特色主导产业，包括鱼、虾、蟹等。

特色农产品

独特的渔家文化特色。以渔为生的沿湖村催生了丰富的渔家文化，悠长的渔歌和神秘的渔家祭祀礼，都寄托着渔民对于自然的敬畏和对美好生活的向往。沿湖村民还有丰富的民俗文化活动，走在村中，经常可以听到扬剧的声音萦绕于村庄的上空。

渔家美食

扬剧

废弃渔船做装饰

废弃瓦罐装饰围墙

疏浚前

疏浚后

河塘疏浚前后对比

废弃地整治为活动空间

（2）在地陪伴，用乡土改造改变生活

家前屋后换新颜。在村民院落空间改造时，根据地域文化特征和产业特色，提出"菜单式"院落改造方案，详细到平面布局、材料运用、高度尺寸、图案装饰、施工技法等，在村庄风貌总体协调的基础上，做到各家各户别具特色。

河流水系变清澈。经过淤积水体疏浚、驳岸整治、水生植被整理、污水截流等一系列工作，沿湖村生态环境得到极大的改善。整治后的沿湖村水体清澈见底，水中鱼虾等物种类型进一步丰富，大量的白鹭、野生鸟类回归，人与自然和谐共处。

公共空间现活力。利用周边村民土地进行公共空间扩建，多采用竹子、青砖、废瓦、陶罐等乡村材料和废弃材料，并以渔船、渔网、船桨等渔文化特色显著的老物件点缀，既节省了成本、延续了集体记忆，又彰显了村庄特色。

（3）特色彰显，用设计扮靓风景

擦亮自然底色。对淤积的河塘进行沟通疏浚，并对沿村、沿河的林网绿带进行沟通互联，使村、湖、林相互交融，进一步彰显村湖一体的田园景观风貌特色。

构建景观路线。依托主要道路串联村庄中最有特色的公共空间和景观节点，起始于村庄的入口，穿过茂密的田园后，视线豁然开朗，就会看到宽阔的荷塘美景和荷塘对面的小桥流水人家，沿着长长的河边小路就到达了渔野人家，穿过或宽或窄的渔野人家小路折返向南，就到了湖堤路，浩渺的邵伯湖陡然出现在眼前。这条线路充分凝聚了渔村的文化气质和特色，成为渔村最靓风景线，也是村民和游客的一条回家路。

特色景观路线

特色渔家乐

渔家书坊

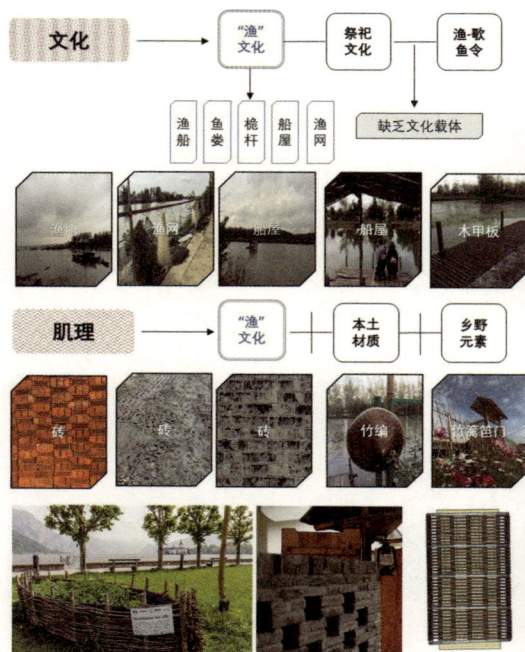
村庄入口

提炼田园渔村气质进行景观小品设计

标识小品

打造特色节点。沿景观路线设计了一系列景观节点，包括村口标识、荷塘小筑、滨水栈道等。在建设中坚持采用本土材料、技艺和建造方式，如地面铺砖采用废弃青砖铺砌，并结合青瓦收边处理，既方便施工，又可以取得较好的视觉效果。同时，还采用了大量的渔文化元素，渔船、鱼浆、渔帆、渔网等一系列元素随处可见，成为村庄内一处处靓丽的风景。

依托渔村独特的生态、文化资源，沿湖村的村民走出了一条渔旅并举的乡村发展之路。通过打造渔业文旅品牌、创建国家地理标志产品、建设美丽渔村等，来传承和弘扬渔文化。发挥"互联网＋渔业"、体验式渔业、休闲渔业等新兴业态对渔业产业结构的优化调整作用，吸引20多人返乡创业，带动600多村民参与，辐射带动周边100多户村民转型发展休闲渔业。

沿湖村靠湖吃湖，在湖水的滋润下，依靠传统渔业不断发展。结合江苏省特色田园乡村建设，通过改建点亮生活，通过设计扮靓风景，通过建设凝聚共识，不仅推动了生活环境的改善，还促进了乡村一二三产的融合发展，实现了蝶变。

3.南京市江宁区谷里街道徐家院村

徐家院村位于江宁区谷里街道张溪社区北部，是谷里现代农业园的组成部分，有较好的田园蔬菜种植基础和厚重的"耕读传家"文化气息。据记载，清朝徐姓人家在此筑院耕作，善于种植蔬菜，重视家庭读书文化传承，以此发业繁衍而名为"徐家院"。2017年，村庄共有43户，139人。村民收入主要来源为种植蔬菜和外出务工，年轻人以在南京市务工为主。村庄以水稻、油菜等农作物种植为主，居民点用地分散，已初步进行了环境整治。

村庄设施配套有一定基础，但仍需进一步提升品质。当地村民的改善需求集中在居住条件、邻里交流和田地整理等方面，而公共活动空间是最主要的需求。村民们更加倾向采用维护、监督等方式参与村庄建设、管理。

曾经的村庄

乐渔院

渔

青樵院

樵

农耕院

耕

勤读院

读

四个示范院落改造示意图

院落建成实景

（1）"耕读传家""书院文化"，融入空间建设

按照"渔樵耕读"布局主题公共院落。院落是承载乡村家庭生活与记忆的重要载体，结合户主职业特点和发展意愿，进行院落功能、格局、景观等多样化改造。如选取渔乐院、樵夫院、农耕院、敏学院四个示范院作为先导建设。改造利用两个现状公共院子，升级成为徐家讲堂和徐家铺子，作为村庄公共活动空间。

（2）改造农耕活动空间，体验农耕文化

采取地景式土地整理思路，结合生产要求进行农耕空间环境设计，将普通农田变成壮观有序的田园风景；对传统农业设施体验化设计改造，水生蔬菜浮岛式种植设计，结合农业看管房建设，设计发现田园意境新视角的孔亭，营造田园美学情趣。

引进谷里现代农业园优质的高效绿色果蔬品种，种植有机蔬菜和应时鲜果，开展蔬菜采摘、市民农园等休闲农业项目，使菜地成为市民休闲体验和健康食品采摘的绿色菜园。

通过农耕活动空间的系列微改造和创意设计，引导人们参与、观察、感悟农趣，巧妙植入农业科普、文化、艺术、历史趣味知识。

趣味田园设计示意图

趣味田园建成实景图

既有集体房屋改造村民活动中心设计示意图及实景图

（3）梳理空间、闲置改造，提升公共品质

提取特色元素改造闲置老宅。提取村落特色元素构件、土地肌理及村庄色彩，保留改造原有闲置老宅，结合村庄发展需求新建创客中心、文旅中心、农耕馆、村史馆等，共同构成村庄公共服务建筑序列。

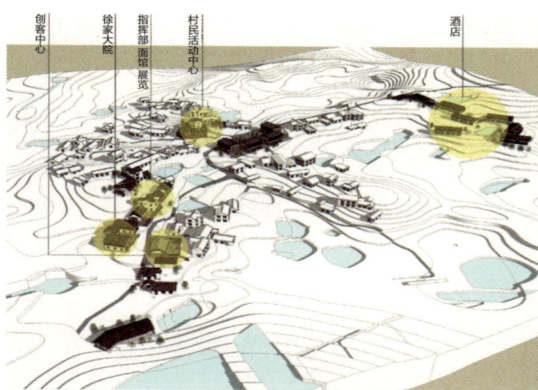

特色老宅建筑整体改造策略

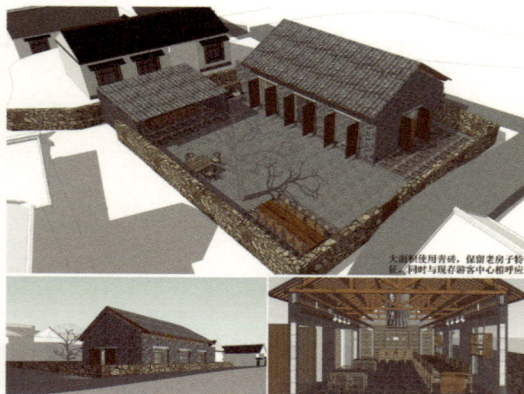

新建创客中心设计图及实景图

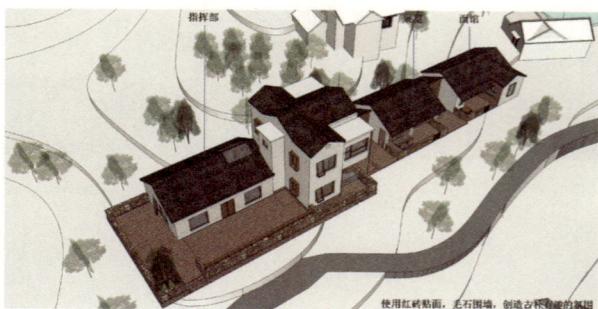

改造修缮指挥部及面馆、展览设计示意图

新建徐家大院（农耕馆、村史馆）设计示意图及实景图

梳理闲置空间，提升风貌形象。梳理闲置空间，融入活泼的创意设计元素，为村民日常休闲、交往提供场所，并提升村庄整体风貌形象。

美丽村口建成实景图

徐家院村通过江苏省特色田园乡村建设，为乡村的内生发展提供了强劲动能。以有机农业为基础，激活闲置资源，走农旅融合发展道路，旅游人次达到45万人次/年，全村年旅游收入提升至1000万元。吸引一批外出务工人员返乡创业，通过组建种植专业合作社和土地股份合作社，吸纳农户148户，规模经营比重达77%，实现户均增收1200元。培育"野八鲜"等农产品78种，成功举办野菜节、丰收节、三下乡、学雷锋等活动，持续扩大乡村影响力。

三、规划新建型村庄

1.连云港市赣榆区石桥镇韩口村

韩口村隶属赣榆区石桥镇，位于黄海之滨苏鲁交界的海州湾畔，临海而建，抱港成村，属于传统的渔业村。现有居民610户、2733人，村域面积117公顷，滩涂面积300余公顷。

村庄因海而生，因港而兴，韩口港是集停泊、修理、加冰、加水、加油、商贸、服务为一体的功能较为齐全的国家二级渔港，可停泊大小渔船200余艘。韩口村大力发展海产品加工、海产品贸易，形成了苏北、鲁南地区规模较大的海产品交易市场。近年来，电商产业发展迅猛，年各种海产品交易量达数百万吨。但与此同时，港口与村庄整体建设亟待提升。韩口港存在长期淤积、周边服务配套不足等问题，严重制约渔港产业发展，村民居住区多为自建瓦房，面积在80~90平方米不等，地基高低不一、房屋布局混乱，年久失修的老式瓦房已无法满足村民现代化居住需求。

2020年5月，韩口村启动渔港新型农村社区建设，规划总占地面积30公顷，其中一期建设用地12公顷，总建筑面积4.3万平方米，其中住宅2.6万平方米，榆人码头风情街1.7万平方米。

曾经的村庄风貌

（1）系统改善环境，凸显海滨特色

"一河三港，穿桥入海"的形态特色。韩口港现状水陆关系及河港条件良好，建设充分考虑水位枯丰变化，依托避风港营造亲水场所，整体提升水域环境。围绕渔港，对韩口河大桥下消极空间进行针对性地提升，打造为房车基地和村民休闲场所；同时，布局地标制高点，实现纵览"河清海晏"的渔港全貌。

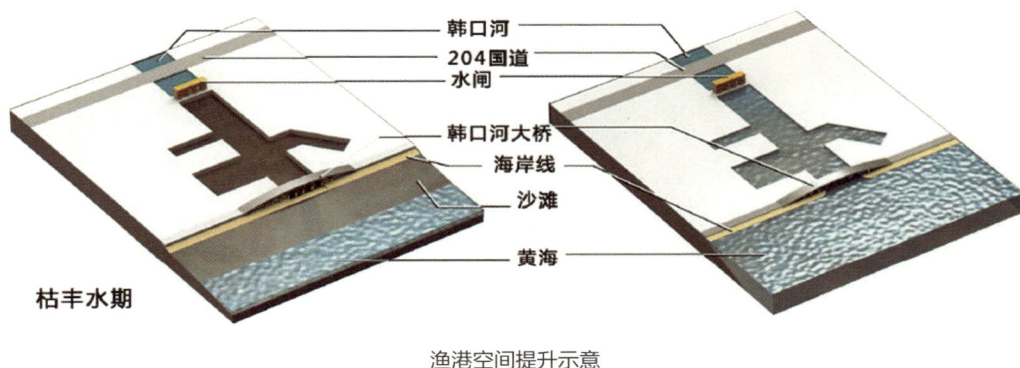

"黄墙红瓦，多元融合"的风貌特色。海州湾地区的传统村落民居多背田面海而建，形成了"红瓦黄墙"的地域特征。新型农村社区建设融入地域民居"红瓦黄墙"的特征，山墙、门牌设置鱼形符号设计。考虑到渔民生活习惯、生产方式和作业需求，确定了三种农房户型。榆人码头风情街建设引入现代设计语言，呈现具有时代气息的渔港新村形象。

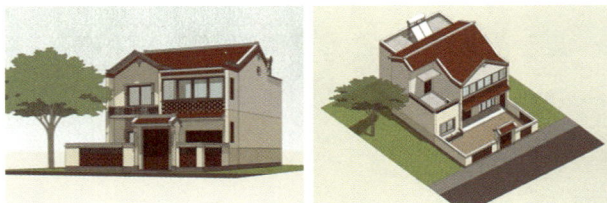

韩口河
204国道
水闸
韩口河大桥
海岸线
沙滩
黄海

枯丰水期

渔港空间提升示意

农房设计效果

榆人码头设计效果

村庄建成实景

渔民在分拣渔货

滩涂紫菜养殖

示范工厂集约化程度高

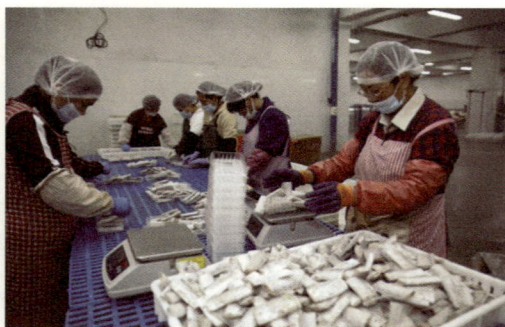
海产品加工卫生保障高

物流分拣中心

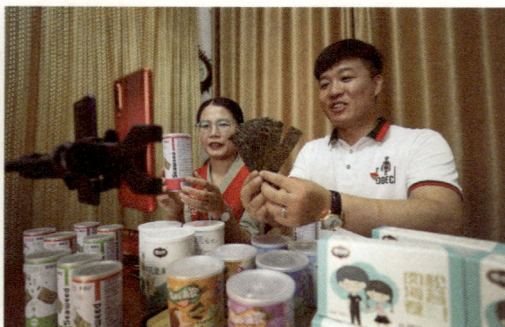
电商网红直播特产

（2）做活"两张网"，延展"渔"链条

疏浚水域，完善渔港配套。先后投资2000余万元对渔港进行改造升级，完成清淤工程、新建80米宽港闸、优化沿岸布局。做活"传统渔网"，即传统渔产捕捞业和水产养殖业。对渔港进行改造升级，建设功能齐全的综合性渔港，完善港区分工，形成了"北产南居"的功能分区。

示范引领，打造渔业工厂化养殖基地。对原有存在严重环境污染问题的紫菜育苗厂进行提升，将其改造成为工厂化海水养殖示范基地，采用绿色环保、集约化程度高的"免换海水养殖技术"。

引入互联网经济"东风"，激活电商发展"一池春水"。打破渔业捕捞单一化生产模式，做活"互联网"，建设电商展示服务中心，积极拓展电商经济、网红经济、夜经济，来带动渔民休渔期致富。

（3）渔味文化引领的渔家风情

渔俗展示馆，浓缩文化展示窗口。榆人码头风情街内植入渔俗展示和体验功能，展示了海州湾地区木船制作工艺、地方捕鱼习俗及地方海鲜水产名录，是展示韩口渔文化的重要窗口。

具有文化特质的村口标识及曲港鱼跃等系列雕塑提升村庄环境品质

渔民"网"事广场，见证生活变迁。渔民"网"事广场以"网"隐喻捕捞业的发展以及电商经济带来的新赋能，突显了渔民与"渔网"和"互联网"千丝万缕的联系。

志愿者为青少年讲解渔俗文化

渔民"网"事广场

韩口村在彰显村庄特色，注入产业活力，改善基础设施等方面形成了较好的实践经验，找到了一条滨海特色渔村发展之路。在各方努力下，韩口村发展正旺，成立紫菜育苗、海滩养殖专业合作社4家，30多户家庭参与合作社经营，带动300多人就业。告别了"一条破船挂破网，长年累月海上漂；斤两鱼虾换糠菜，祖孙三代住一仓"的岁月，渔民群众都能明显感受到江苏省特色田园乡村建设给村庄带来的变化，切身体会到实实在在的获得感和幸福感。

渔民运动会

规划设计平面图

村庄建成实景

2.泗阳县爱园镇松张口村

松张口新型农村社区位于泗阳县爱园镇西部，距镇区3公里，交通便捷。规划占地318亩，建设住房337套。项目深度挖掘泗沭红色文化，引用先进规划理念，体现苏北民居建筑风格，尊重原有村庄肌理，围湖而居，房屋错落有致。

（1）延续既有肌理，形成错落布局

延续苏北平原地区乡村空间形态，建筑布局契合原始地形，保留原有水体，同时充分运用建筑形体的变化和低层建筑体量围合形成庭院式空间，创造丰富且整体的中式建筑群落，营造宜居的街巷生活组团。

（2）融入地域元素，建设乡土民居

在建筑设计中，结合现代工艺组合使用硬山、歇山等传统苏北屋面形式，综合考虑建造成本因素，提炼传统装饰元素，取消繁复的雕梁画栋，形成符合现代审美品位。

农房设计效果图

农房建成实景

（3）倡导集约利用，满足多样需求

通过征求村民意见，主要设计建设100平方米和120平方米两种户型；户型设计上，综合考虑农村的生产生活习惯，满足多样需求。同时，在村庄主入口附近配建公共服务设施，涵盖村民服务、卫生室、幼儿园等。

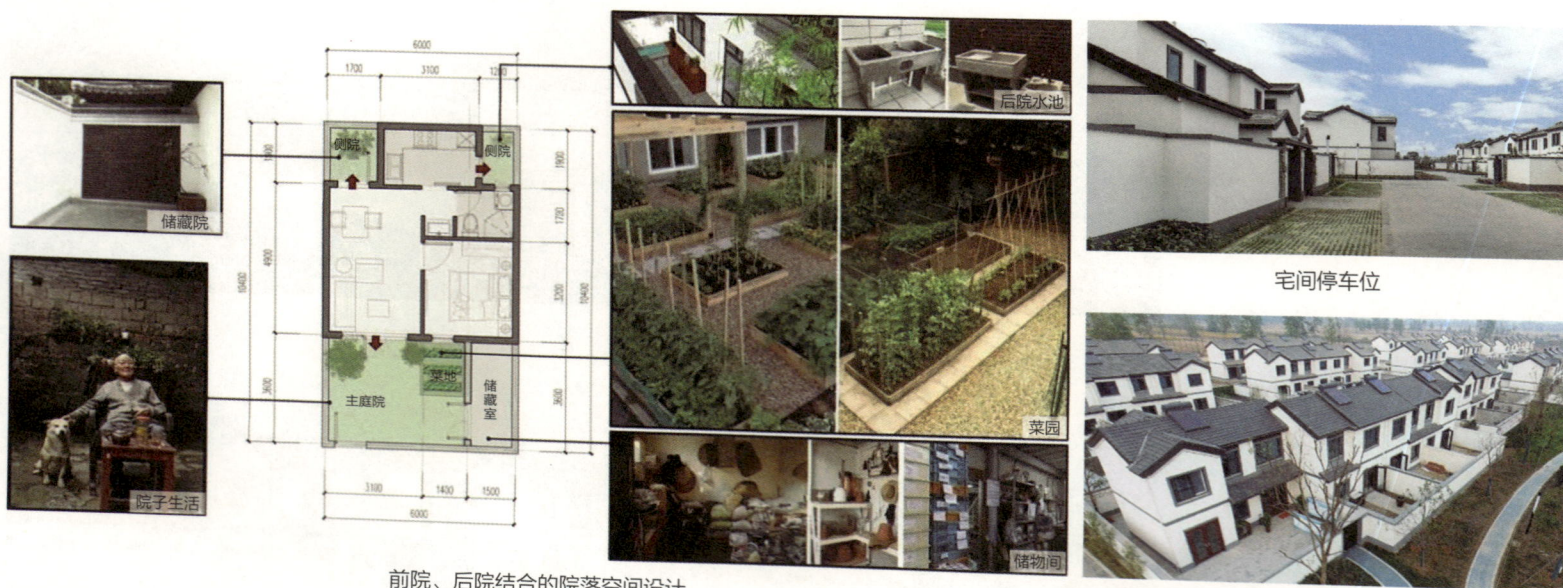

储藏院

院子生活

前院、后院结合的院落空间设计

后院水池

菜园

储物间

宅间停车位

建成后院落空间

村庄外围生态绿化景观

村庄内部种植乡土树种

（4）紧扣本地特色，营造乡土气息

村庄绿化景观建设中最大化保留用地周边的原有植被和水体，村内部整体景观营造幽静的苏北传统合院聚落的感觉。在绿化种植配置上，根据宿迁市当地的气候特点，体现植栽品种多样化，色彩协调并具有层次感，与建筑整体形成和谐优雅的乡土氛围。

3. 盐城市盐都区尚庄镇塘桥村

塘桥村位于盐都区尚庄镇，紧挨尚庄镇集镇南侧，交通便捷，由原乔村、野塘两个自然村合并而成，村域面积3678亩，下辖4个村民小组，共702户，2451人。村庄紧抓苏北新型农村社区建设的机遇，申报江苏省农房改善首批示范项目。一期住房90户，二期共有住房60户，采用新老结合建设，充分展现出了苏北乡村新风貌。

（1）村庄整体布局灵活

村庄户型多样，在研究老庄台建筑布局的基础上，采用大小户型进行套搭组合，形成房屋有高有低、摆布错落有致的村庄建筑形态，与老庄台形成有机结合。建筑设计提炼了里下河地区水乡农房建筑元素，整体呈现粉墙黛瓦的风貌。

村庄设计效果图

村庄建成实景

集合多种功能的综合服务中心

设置党建文化墙、党建小品

农耕文化长廊

休闲活动场地

（2）公共服务配套完善

村庄公共服务设施配套注重多功能整合，综合集成党群服务中心、新时代文明实践所、党员之家、文化大礼堂等功能，设置党建文化墙、党建小品，利用文化长廊、百姓大舞台等平台，组织开展广场舞、集体观影等活动。

（3）基础设施配套健全

基础设施建设遵循"先地下、后地上"的原则，综合考虑村庄各类管网配置，铺设污水管网1800米，实现全村管网互通。统筹考虑村庄道路交通、环卫设施等，铺装人行道1030米，新建公厕1座。

生态修复后的水体环境

垃圾分类设施

主要道路建设

巷道改造

桥梁修复

（4）培育特色产业，厚植品牌优势

在改善农房的同时，按照"住有所居、兴有所产"的定位，打造以番茄为主题的湖畔果园。发展番茄规模经营，流转土地2600亩，规模经营比重达95%，成立农民专业合作社2个、家庭农场3家，年产各类番茄180万公斤，可吸纳近80名村民就近就业，村集体增收20余万元。连续举办番茄节，采用线上直播的方式，网上观看直播人数达10万人，番茄节正成为享誉全市的农事节庆。

附表：村庄公共服务设施配置引导一览表

设施类型	配置内容	村委会所在村庄		非村委会所在村庄		配置要求
		配置弹性	配置标准	配置弹性	配置标准	
政务服务	党群服务中心、村委会、村新时代文明实践站	★	建筑面积不低于400m²	—	—	每个行政村配置1处，含党组织办公室、村委会办公室、村新时代文明实践站、信息（档案）、教育培训（科技服务）、就业创业和社会保障服务等
公共教育	幼儿园（托儿所）	☆	用地面积≥18m²/生，建筑面积≥9m²/生，户外活动面积≥6m²/生	—	—	每1万人设置1所，可多村共建。在人口较为分散的乡村地区，根据需要增设托儿所
医疗卫生	卫生室	★	建筑面积不宜小于180m²；示范卫生室可适当提高标准	☆	建筑面积≥120m²	每个行政村设置1处，超过3000人的行政村可在非村委会所在村庄选择配置。应设医疗诊室、治疗室、换药室、观察室、药房等
文化体育	文化活动中心（文化礼堂）	★	建筑面积250~400m²	☆	建筑面积≥80m²	每个行政村配置1处，其他居民点按需配置；包括图书阅览室（农家书屋）、文化娱乐、村民大会、节庆典礼、习俗筵席、电影放映、教育培训、青少年活动、老年人活动等
	健身活动场地	★	用地面积≥500m²	★	用地面积≥150m²	每个居民点配置1处。配置必要的锻炼器械，提供面积适宜的集中活动场地
社会服务	居家养老服务中心	★	建筑面积120~250m²	☆	建筑面积≥30m²	每个行政村配置1处，其他居民点按需配置。包括餐饮室、文娱室、康体室等
公共安全	综治中心	★	建筑面积15~25m²	—	—	每个行政村配置1处，结合党群服务中心建设
	警务室	★	建筑面积15~25m²	—	—	
	防灾避难场所	★	—	—	—	每个行政村配置1处，利用人防工程、文体活动场地、绿地等设置
生活服务	快递点（村邮站）	☆	建筑面积20~40m²	☆	建筑面积20~40m²	为村民提供网上代购商品、代收代发快递服务，帮助村民代售农（副、特）产品，引导市场自主配置
	菜市场	☆	用地面积100~300m²	☆	—	包括粮油、蔬菜、肉类、水果、水产品、副食品等商品销售，引导市场自主配置
	生活日用品超市	☆		☆	—	引导市场自主配置
	农资超市	☆	建筑面积≤50m²	—	—	以农药、化肥、种子、农膜、农机具、兽药、饲料等生产必需品为主，引导市场自主配置
	公交站点	☆		☆	—	每个行政村设置1处公交站点，其他居民点按照公交线路组织及距离合理配置

备注："★"表示宜配置；"☆"表示有条件配置；"—"表示不宜配置。

结 语

　　2023年3月5日，习近平总书记在参加十四届全国人大一次会议江苏代表团审议时强调"要优化镇村布局规划，统筹乡村基础设施和公共服务体系建设，深入实施农村人居环境整治提升行动，加快建设宜居宜业和美乡村"，为我们做好新时代乡村建设工作指明了方向、提供了遵循。

　　对江苏而言，高质量建设宜居宜业和美乡村，加快推进农村现代化，基因有传承、实践有要求、发展有基础，有条件、有能力、也有责任担负新使命。下一步，我们将认真贯彻习近平总书记的重要指示精神，按照党的二十大关于全面推进乡村振兴的部署要求，开拓创新、勇毅前行，全面推进中国式现代化江苏乡村建设新实践。

江苏乡村建设行动系列指南编写委员会

2023年3月